农区科学养羊技术问答

主 编
周占琴

副 主 编
武和平 陈小强

编 著 者
周占琴 武和平 陈小强
付明哲 赵发苗 李如冲

金盾出版社

内 容 提 要

本书由西北农林科技大学动物科技学院周占琴教授主编,以问答的形式对农区养羊技术作了较为全面的解答。内容包括:良种羊的选择与利用,羊的繁殖,羊场建设与圈养设备,牧草种植与饲料调制,羊的营养需求与饲料供给,羊群日常饲养管理,羔羊的培育与肥育,羊病的预防与治疗等9个方面。全书内容丰富,语言通俗,实用性强,适合绵、山羊养殖场(户)技术人员学习使用,亦可供农业院校相关专业师生阅读参考。

图书在版编目(CIP)数据

农区科学养羊技术问答/周占琴主编. — 北京:金盾出版社,2012.1(2016.1重印)
ISBN 978-7-5082-7121-7

Ⅰ.①农⋯ Ⅱ.①周⋯ Ⅲ.①羊—饲养管理—问题解答 Ⅳ.①S826-44

中国版本图书馆 CIP 数据核字(2011)第 166968 号

金盾出版社出版、总发行

北京太平路5号(地铁万寿路站往南)
邮政编码:100036　电话:68214039　66882412
传真:68276683　网址:www.jdcbs.cn
封面印刷:北京印刷一厂
正文印刷:北京万博诚印刷有限公司
装订:北京万博诚印刷有限公司
各地新华书店经销
开本:850×1168 1/32　印张:7.75　字数:182千字
2016年1月第1版第5次印刷
印数:21 001～24 000册　定价:15.00元

(凡购买金盾出版社的图书,如有缺页、
倒页、脱页者,本社发行部负责调换)

目 录

一、我国养羊业的概况 …………………………………… (1)
1. 我国养羊业的现状如何? ……………………………… (1)
2. 目前我国养羊业还存在哪些问题?发展趋势如何? … (1)
3. 我国推行舍饲养羊中还有哪些需要解决的问题? …… (2)
4. 我国肉羊业近期发展的目标是什么? ………………… (3)
5. 我国肉羊产业建设的重点是什么? …………………… (3)
6. 为什么要建立养羊合作组织? ………………………… (5)
7. 如何提高养羊户的技术水平? ………………………… (6)

二、良种羊的选择与利用 ………………………………… (7)
1. 什么是良种羊? ………………………………………… (7)
2. 为什么要饲养良种羊? ………………………………… (7)
3. 目前国内主要有哪些肉绵羊良种?各有什么特点? … (7)
4. 世界上最著名的肉山羊良种是哪个? ………………… (10)
5. 头部毛色和耳形是选购布尔山羊的依据吗? ………… (11)
6. 南江黄羊属于肉山羊品种吗? ………………………… (11)
7. 小尾寒羊属于肉羊品种吗? …………………………… (12)
8. 目前国内主要有哪些奶山羊品种? …………………… (12)
9. 世界上最著名的奶山羊品种是哪个? ………………… (13)
10. 怎样选择高产奶山羊? ………………………………… (13)
11. 奶绵羊有哪些品种? …………………………………… (14)
12. 高产奶羊具有高繁殖力吗? …………………………… (15)
13. 国内主要有哪些绒山羊品种? ………………………… (16)
14. 怎样选购高产绒山羊? ………………………………… (17)
15. 怎样优化绒山羊群体? ………………………………… (17)

16. 怎样提高山羊的产绒量? ……………………………………(18)
17. 我国著名的羔皮羊品种有哪些? ……………………………(19)
18. 我国著名的裘皮羊品种有哪些? ……………………………(20)
19. 我国最著名的笔料毛羊品种是哪个? ………………………(21)
20. 良种羊还需要继续选育吗? …………………………………(21)
21. 引进良种羊时应注意什么问题? ……………………………(21)
22. 良种就是种羊吗?怎样选留种羊? …………………………(22)
23. 体格大小是选留种羊的重要指标吗? ………………………(23)
24. 怎样进行羊的体重和体尺测量? ……………………………(23)
25. 怎样根据牙齿判断羊的年龄? ………………………………(24)
26. 选留种公羊时是否需要考虑其性格特点? …………………(25)
27. 怎样选购肉用种羊? …………………………………………(25)
28. 肉羊的副乳头算不算遗传缺陷? ……………………………(25)
29. 为什么选留初产多羔的母羊更为有利? ……………………(26)
30. 什么叫羊群血液更新法?在什么情况下
    使用该方法? …………………………………………………(26)
31. 什么是终端父系品种?为什么要选择终端
    父系品种? ……………………………………………………(26)
32. 肉羊生产中为什么要采用杂交技术? ………………………(27)
33. 什么叫简单杂交? ……………………………………………(27)
34. 什么叫复杂杂交? ……………………………………………(27)
35. 绵、山羊能否杂交? …………………………………………(28)
36. 如何选择理想的杂交父、母本品种? ………………………(28)
37. 什么叫杂种优势? ……………………………………………(29)
38. 杂种羊都能表现出杂种优势吗? ……………………………(29)
39. 为什么双亲的基因型纯度越高其杂种优势越明显? ………(30)
40. 为什么杂种一代羊之间不宜继续交配? ……………………(30)
41. 怎样估算杂种优势? …………………………………………(30)

目 录

42. 哪些因素影响肉羊杂种优势的表现? ……………………(31)
43. 羊按年龄选配的原则是什么? ………………………(31)
44. 国内肉绵羊常用的杂交模式有哪些? ………………(32)
45. 国内肉山羊常用的杂交模式有哪些? ………………(32)

三、羊的繁殖 ……………………………………………………(34)

1. 什么叫繁殖力? ……………………………………………(34)
2. 怎样评定羊的繁殖力? ……………………………………(34)
3. 营养不平衡对羊的繁殖性能有哪些影响? ………………(35)
4. 种公羊为什么不宜过肥或过瘦? …………………………(39)
5. 种公羊为什么要在配种前1~1.5个月开始抓膘? ………(39)
6. 公羊采精前应做好哪些准备? ……………………………(40)
7. 怎样采集精液? ……………………………………………(41)
8. 怎样检查精液品质? ………………………………………(41)
9. 如何掌握公羊的采精频率? ………………………………(42)
10. 如何实现种公羊的有效利用? ……………………………(43)
11. 羊精液为什么要稀释? ……………………………………(43)
12. 常用的羊精液稀释和保存方法有哪些? …………………(44)
13. 羊精液冷冻(超低温保存)的意义是什么? ………………(45)
14. 怎样制作羊冷冻精液? ……………………………………(45)
15. 怎样解冻冷冻精液? ………………………………………(46)
16. 怎样确定母羊的最佳输精时间? …………………………(47)
17. 怎样给母羊输精? …………………………………………(48)
18. 输精时应注意什么问题? …………………………………(49)
19. 为什么要采用人工授精技术? ……………………………(49)
20. 哪一种人工授精技术更有效? ……………………………(50)
21. 哪一种配种方法受胎率高? ………………………………(50)
22. 母羊在什么情况下不宜采用人工授精技术? ……………(51)
23. 性成熟的公、母羊可以配种吗? …………………………(51)

24. 母羊为什么不宜过早配种? ……………………………(51)
25. 日粮蛋白质水平过高为什么会影响母羊的受胎率? …(52)
26. 繁殖母羊为什么不宜过肥? ……………………………(52)
27. 繁殖母羊为什么不宜过瘦? ……………………………(52)
28. 何谓种羊的短期优饲? …………………………………(53)
29. 何谓同期发情? 同期发情有何意义? …………………(53)
30. 常用的同期发情处理方法有哪几种? …………………(54)

四、羊场建设与圈养设备……………………………………(55)

1. 舍饲就是圈养吗? ………………………………………(55)
2. 怎样选择羊场场址? ……………………………………(55)
3. 羊场如何布局? …………………………………………(56)
4. 羊舍建筑的基本要求是什么? …………………………(57)
5. 怎样选择羊舍类型? ……………………………………(58)
6. 铺设羊舍地面应选择什么材料? ………………………(62)
7. 地面铺设垫草是否可以防潮? …………………………(62)
8. 运动场是否需要修建饲槽? ……………………………(63)
9. 运动场内还应当配置哪些设备? ………………………(63)
10. 舍饲羊场为什么需要绿化? 绿化应选择哪些树种? …(64)

五、牧草种植与饲料调制……………………………………(65)

1. 怎样选择人工牧草? ……………………………………(65)
2. 羊场或农户应当种植哪些牧草? ………………………(66)
3. 首先考虑的种植饲料作物为什么是玉米? ……………(66)
4. 墨西哥玉米有什么特点? ………………………………(66)
5. 苜蓿为什么被称为"牧草之王"? ………………………(67)
6. 黑麦草有哪些特点? ……………………………………(69)
7. 鲜白三叶草可以喂羊吗? ………………………………(69)
8. 苏丹草有什么特点? 可以喂羊吗? ……………………(70)
9. 草木樨属于优质牧草吗? ………………………………(70)

10. 如何预防羊草木樨中毒？ …………………………………… (71)
11. 沙打旺属于优质牧草吗？饲喂羊时应注意
    什么问题？ …………………………………………………… (71)
12. 怎样确定牧草刈割时间？ …………………………………… (72)
13. 牧草刈割留茬以多高为宜？ ………………………………… (73)
14. 怎样晒制青干草？晒制过程对牧草营养
    物质有什么影响？ …………………………………………… (74)
15. 作物秸秆可用作羊的主要饲料吗？ ………………………… (75)
16. 怎样选择作物秸秆？ ………………………………………… (76)
17. 大豆秸秆营养价值高吗？ …………………………………… (77)
18. 棉花秸秆能否用作羊饲料？其安全性如何？ ……………… (77)
19. 油菜秸秆能否用作羊饲料？ ………………………………… (78)
20. 树叶可以喂羊吗？ …………………………………………… (78)
21. 什么时间采集的树叶营养价值高？ ………………………… (78)
22. 单宁对羊有什么危害？ ……………………………………… (79)
23. 羊会发生单宁中毒吗？ ……………………………………… (80)
24. 为什么山羊对单宁有一定耐受性？ ………………………… (80)
25. 如何防止羊只摄入过多的单宁？ …………………………… (81)
26. 尿素能喂羊吗？怎样饲喂？ ………………………………… (81)
27. 苹果渣可以喂羊吗？ ………………………………………… (82)
28. 沙棘果渣可以喂羊吗？ ……………………………………… (82)
29. 甜菜渣可以喂羊吗？ ………………………………………… (83)
30. 粉渣可以喂羊吗？ …………………………………………… (83)
31. 白酒糟可以喂羊吗？ ………………………………………… (83)
32. 啤酒糟喂羊应注意什么问题？ ……………………………… (84)
33. 酱油渣喂羊应注意什么问题？ ……………………………… (84)
34. 豆腐渣喂羊应注意什么问题？ ……………………………… (84)
35. 羊吃什么就可以喂什么吗？ ………………………………… (84)

36. 羊的饲料是否应当粉碎? …………………………… (85)
37. 霉变饲料为什么不能喂羊? …………………………… (85)
38. 发酵饲料喂羊有什么好处? …………………………… (86)
39. 氨化饲料可以喂羊吗? ………………………………… (86)
40. 什么是饲料青贮? ……………………………………… (87)
41. 青贮饲料有哪些特点? ………………………………… (87)
42. 怎样加工青贮饲料? …………………………………… (88)
43. 怎样提高青贮饲料的品质? …………………………… (90)
44. 怎样鉴定青贮饲料? …………………………………… (91)
45. 怎样利用青贮饲料? …………………………………… (91)
46. 青贮过程中营养物质会流失吗? ……………………… (92)
47. 青贮是否可以降低牧草中的有毒成分? ……………… (93)
48. 怎样估算青贮设施的容量? …………………………… (93)
49. 怎样提高半干青贮效果? ……………………………… (94)
50. 秸秆的加工利用方法有哪些? ………………………… (94)
51. 籽实饲料发芽处理对营养价值有哪些影响? ………… (95)
52. 浸泡籽实饲料有什么好处? …………………………… (95)
53. 为什么要对籽实饲料进行蒸煮处理? ………………… (95)

六、羊的营养需求与饲料供给 …………………………… (97)
1. 羊的消化功能有何特点 ………………………………… (97)
2. 羊的消化道有什么特点? ……………………………… (97)
3. 羊需要哪些营养物质? ………………………………… (98)
4. 羊饲料应由哪几部分组成? …………………………… (100)
5. 什么是粗饲料? 常用的粗饲料有哪些? ……………… (100)
6. 羊为什么对枯草的利用率较低? ……………………… (100)
7. 什么是青绿饲料? 青绿饲料有什么特点? …………… (100)
8. 给羊饲喂青绿饲料时应注意哪些问题? ……………… (101)
9. 什么是蛋白质饲料? …………………………………… (102)

10. 羊常用的蛋白质饲料有哪些？各有什么特点？ …… (102)
11. 饲料原料的蛋白质含量越高饲用价值
    就越高吗？ ……………………………………………… (104)
12. 什么是能量饲料？ …………………………………… (105)
13. 羊常用的谷实类能量饲料有哪些？
    各有什么特点？ ……………………………………… (105)
14. 玉米颗粒可以直接喂羊吗？ ………………………… (106)
15. 羊常用的糠麸类能量饲料有哪些？
    各有什么特点？ ……………………………………… (106)
16. 麸皮可单独喂羊吗？ ………………………………… (107)
17. 向日葵饼（粕）可以用作羊饲料吗？ ……………… (107)
18. 配制羊精料补充料时应考虑哪些因素？ …………… (108)
19. 怎样配制羊日粮？ …………………………………… (109)
20. 羊常用的块根与块茎类能量饲料有哪些？
    各有什么特点？ ……………………………………… (112)
21. 水生植物可以喂羊吗？ ……………………………… (113)
22. 什么是维生素饲料？维生素有哪些功能？ ………… (113)
23. 羊容易缺乏哪些维生素？ …………………………… (114)
24. 维生素添加剂可以长期保存吗？ …………………… (114)
25. 什么是矿物质饲料？矿物质饲料主要包括哪些？ … (115)
26. 矿物元素对羊体重要吗？ …………………………… (116)
27. 为什么要给羊补盐？怎样给羊补盐？ ……………… (117)
28. 羊用饲料和饲料添加剂应遵守什么原则？ ………… (117)
29. 饮水对羊重要吗？ …………………………………… (118)
30. 羊能不能饮用泔水？ ………………………………… (119)
31. 羊能不能用生锈的铁槽饮水？ ……………………… (119)
32. 羊为什么不宜喂猪和鸡的饲料？ …………………… (119)
33. 羊为什么不宜突然更换饲料？ ……………………… (120)

34. 羊为什么禁喂动物源性饲料? …………………… (120)
35. 羊饲料中可以添加莫能菌素吗? …………………… (122)
36. 羊饲料中需要添加益生素吗? ……………………… (122)
37. 羊饲料中添加缓冲剂有什么作用? ………………… (123)

七、羊群日常饲养管理 …………………………………… (124)

1. 山羊和绵羊在生活习性方面有哪些明显差异? …… (124)
2. 山羊和绵羊在饲养管理方面应有哪些差异? ……… (126)
3. 环境温度过高对羊有什么危害?如何防止羊的
   热应激反应? ………………………………………… (126)
4. 环境温度过低对羊有什么危害? …………………… (127)
5. 空气流通对羊的健康有什么影响? ………………… (128)
6. 环境潮湿对羊有什么危害? ………………………… (128)
7. 海拔高度对羊的健康有什么影响? ………………… (129)
8. 光照对羊群健康有什么影响? ……………………… (130)
9. 羊群放牧有什么好处? ……………………………… (130)
10. 如何处理羊群放牧与生态环境保护的关系? ……… (131)
11. 放牧羊群需要补饲吗? ……………………………… (132)
12. 羊采食哪些植物会出现生物碱中毒? ……………… (133)
13. 羊采食哪些牧草会出现氢氰酸中毒?羊为什么不能
    采食高粱苗和玉米苗? ……………………………… (134)
14. 羊采食哪些牧草容易发生瘤胃臌胀病? …………… (135)
15. 羊采食哪些牧草会出现亚硝酸盐中毒? …………… (136)
16. 羊采食哪些饲料后容易出现皮肤过敏? …………… (136)
17. 羊为什么不宜吃露水草? …………………………… (137)
18. 羊群为什么不宜长期在河渠边放牧? ……………… (137)
19. 公、母羊混群饲养有什么危害? …………………… (137)
20. 舍饲羊群为什么会出现"大腹羊"? ……………… (138)
21. 怎样防止羊群争斗? ………………………………… (138)

22. 运动对羊群重要吗? ………………………………… (139)
23. 种公羊的饲养管理应注意哪些问题? ……………… (139)
24. 育成羊的饲养管理应注意哪些问题? ……………… (140)
25. 妊娠母羊的饲养管理应注意哪些问题? …………… (141)
26. 母羊妊娠期间哪些药物不能使用? ………………… (142)
27. 母羊妊娠期间能否接种疫苗? ……………………… (142)
28. 怎样计算母羊的预产期? …………………………… (142)
29. 怎样给母羊助产? …………………………………… (143)
30. 产后母羊的护理应注意哪些问题? ………………… (144)
31. 春季羊群饲养管理应注意什么问题? ……………… (144)
32. 在"黑色四月",羊群饲养管理应特别
    注意什么问题? …………………………………… (145)
33. 夏季羊群饲养管理应注意什么问题? ……………… (146)
34. 秋季羊群饲养管理应注意什么问题? ……………… (147)
35. 冬季羊群饲养管理应注意什么问题? ……………… (148)
36. 什么叫规模养殖? …………………………………… (148)
37. 规模养羊应遵循的原则是什么? …………………… (149)

八、羔羊的培育与肥育 …………………………………… (151)
1. 怎样护理新生羔羊? ………………………………… (151)
2. 羔羊一定要吃初乳吗? ……………………………… (151)
3. 怎样抢救假死羔羊? ………………………………… (151)
4. 怎样抢救冻僵羔羊? ………………………………… (152)
5. 怎样提高羔羊的成活率? …………………………… (152)
6. 羔羊开食应当先吃草还是先吃料? ………………… (154)
7. 羔羊人工哺乳时应注意什么问题? ………………… (154)
8. 如何给羊编号? ……………………………………… (155)
9. 羔羊断尾有什么好处?怎样断尾? ………………… (156)
10. 羔羊为什么要去角?怎样去角? ………………… (156)

11. 羔羊应在什么时候去势？ ………………………………（157）
12. 羔羊应在什么时间断奶？ ………………………………（158）
13. 为什么秋天出生的羔羊初生重小,生长缓慢？ ………（158）
14. 为什么要选择羔羊肥育？肥育前应
    做好哪些准备？ …………………………………………（159）
15. 什么叫肥羔生产？影响羔羊肥育的因素有哪些？ …（160）
16. 肥育羔羊的饲养管理要点是什么？ ……………………（160）
17. 什么叫肉羊出栏率？ ……………………………………（161）
18. 肉羊生产力的测定指标有哪些？ ………………………（161）
19. 怎样对羊胴体进行切块？ ………………………………（162）

九、羊病的预防与治疗 …………………………………（164）

1. 怎样做好羊场的消毒工作？ ……………………………（164）
2. 什么叫免疫接种？羊群应接种哪些疫苗？ ……………（164）
3. 什么叫疫苗的特异性？ …………………………………（166）
4. 羔羊能接种疫苗吗？ ……………………………………（166）
5. 山羊不能接种哪些疫苗？ ………………………………（167）
6. 品种和体况影响疫苗免疫效果吗？ ……………………（167）
7. 日粮的营养水平和质量影响免疫效果吗？ ……………（168）
8. 羊群免疫接种失败的原因有哪些？ ……………………（170）
9. 羊接种疫苗后出现死亡的原因是什么？ ………………（171）
10. 接种疫苗、菌苗或类毒素时应注意哪些事项？ ………（171）
11. 羊为什么不能口服抗生素药物？ ………………………（172）
12. 羔羊长期大剂量使用土霉素有什么危害？ ……………（172）
13. 使用消毒药和抗菌药物时应注意什么问题？ …………（173）
14. 每年春、秋两季必须给羊群驱虫吗？ …………………（173）
15. 为什么说胃肠道线虫病是为害放牧羊群最
    主要的寄生虫病？ ………………………………………（174）
16. 为什么春季胃肠道线虫对羊群的为害最大？ …………（174）

目　录

17. 羊群什么时间驱虫效果最佳？ …………………………（175）
18. 母羊在冬季驱虫是否影响胎儿的发育？ ………………（175）
19. 羊群转入新草场前为什么要驱虫？ ……………………（175）
20. 如何驱除羊体外寄生虫？药浴时应
    注意哪些事项？ …………………………………………（176）
21. 驱除羊体内寄生虫与免疫接种可同时进行吗？ ………（176）
22. 为什么要经常给羊修蹄？如何给羊修蹄？ ……………（177）
23. 羊群通常要进行哪些检疫？ ……………………………（178）
24. 怎样识别病羊？ …………………………………………（178）
25. 羊为什么会出现生产瘫痪病？怎样防治？ ……………（180）
26. 母羊产后为什么会发生胎衣不下？怎样防治？ ………（181）
27. 什么叫羔羊白肌病？怎样防治？ ………………………（182）
28. 公羊为什么发生尿结石？怎样预防？ …………………（183）
29. 绵羊为什么会出现非正常性掉毛现象？ ………………（183）
30. 羊为什么会发生佝偻病？怎样防治？ …………………（184）
31. 羊为什么会发生黄脂病？ ………………………………（184）
32. 羊为什么会出现青草抽搐症？怎样防治？ ……………（185）
33. 羊为什么会出现异食癖？怎样预防？ …………………（186）
34. 羊为什么会出现瘤胃酸中毒？怎样防治？ ……………（186）
35. 羊会发生食盐中毒吗？ …………………………………（188）
36. 羊群为什么会发生萱草根中毒？怎样防治？ …………（189）
37. 羊发生有机磷农药中毒怎么办？怎样防治？ …………（190）
38. 怎样防治羊腐蹄病？ ……………………………………（191）
39. 羊误食塑料薄膜怎么办？ ………………………………（192）
40. 羊被毒蛇咬伤怎么办？ …………………………………（192）
41. 羊发生胃肠炎怎么办？ …………………………………（194）
42. 怎样治疗羊便秘？ ………………………………………（195）
43. 羊的一、二类传染病和寄生虫病有哪些？ ……………（195）

44. 怎样防治羊传染性脓疱病？ …………………… (196)
45. 怎样防治绵羊痘？ ……………………………… (197)
46. 怎样防治山羊痘？ ……………………………… (198)
47. 怎样防治羊口蹄疫？ …………………………… (199)
48. 怎样防治羔羊痢疾？ …………………………… (200)
49. 怎样防治羔羊大肠杆菌病？ …………………… (201)
50. 怎样防治羊巴氏杆菌病？ ……………………… (202)
51. 怎样防治羊炭疽病？ …………………………… (203)
52. 怎样防治羊布氏杆菌病？ ……………………… (204)
53. 怎样防治羊链球菌病？ ………………………… (205)
54. 怎样防治羊沙门氏菌病？ ……………………… (206)
55. 怎样防治羊李氏杆菌病？ ……………………… (207)
56. 怎样防治羊假结核病？ ………………………… (208)
57. 怎样鉴别羊快疫、羊肠毒血症、羊猝狙和羊炭疽？ … (209)
58. 怎样防治羊附红细胞体病？ …………………… (211)
59. 怎样防治羊群传染性结膜角膜炎？ …………… (211)
60. 怎样防治山羊传染性胸膜肺炎？ ……………… (212)
61. 怎样防治羊皮肤真菌病？ ……………………… (213)
62. 怎样防治球虫病？ ……………………………… (214)
63. 怎样防治羊焦虫病？ …………………………… (215)
64. 怎样防治肝片吸虫病？ ………………………… (216)
65. 怎样防治脑包虫病？ …………………………… (217)
66. 怎样防治羊食道口线虫病（结节虫病）？ ……… (218)
67. 怎样防治羊脑脊髓丝虫病？ …………………… (219)
68. 怎样防治羊鼻蝇病？ …………………………… (220)
69. 怎样对常用治疗器械和用品进行消毒？ ……… (221)
70. 怎样进行药物静脉注射？ ……………………… (222)
71. 怎样进行肌内注射？ …………………………… (222)

目　录

72. 怎样进行皮下注射？……………………………………（223）
73. 怎样进行皮内注射？……………………………………（223）
74. 什么情况下使用气管注射？怎样进行气管注射？……（223）
75. 什么情况下使用瓣胃注射？怎样进行瓣胃注射？……（224）
76. 什么情况下使用瘤胃穿刺？怎样进行瘤胃穿刺？……（224）
77. 注射药物或瘤胃穿刺时应注意哪些问题？……………（225）
78. 怎样给羊灌服水剂药物？………………………………（225）
79. 怎样用胃管给羊灌药？…………………………………（225）
80. 什么情况下给羊灌肠？怎样给羊灌肠？………………（226）
81. 常用的止血方法有哪几种？……………………………（226）
82. 危重病羊可以输血吗？…………………………………（227）

附录……………………………………………………………（229）
　附表1　羔羊断奶前的管理日程…………………………（229）
　附表2　给羊采精和人工授精用的主要器具与试剂……（229）
　附表3　我国食品动物禁用的兽药及其他化合物
　　　　　清单………………………………………………（230）

一、我国养羊业的概况

1. 我国养羊业的现状如何？

养羊业是畜牧业的重要组成部分，近50年来，特别是改革开放以来，我国养羊业发展较快，目前已成为世界上第一养羊大国。据有关资料统计，2009年我国绵、山羊存栏量达到28 452.2万只，其中绵羊13 402.1万只，山羊15 050.1万只，年出栏羊26 732.9万只，生产羊肉389.4万吨、绵羊毛36.4万吨、山羊绒1.70万吨。出栏率达到93.96%，出栏羊平均胴体重达到14.57千克。与2006年相比，虽然羊的存栏量明显下降，但出栏率却提高了11.3个百分点，出栏羊平均胴体重提高了0.43千克，但与养羊业发达国家的差距还很大。我国也是一个羊毛生产大国，年产绵羊毛36.4万吨，仅次于澳大利亚，但羊毛产量和质量远不能满足国内毛织品的加工与消费需求，每年需要从澳大利亚、新西兰、南非、乌拉圭和阿根廷等国家大量进口羊毛。我国还是山羊绒生产、加工与出口大国，2009年我国原绒产量达到1.7万吨，无毛绒产量占到世界无毛绒产量的75%，国际市场上80%以上的羊绒来自中国，因此便有了"世界羊绒看中国"的说法。近年来，我国出口的羊绒多为无毛绒，即半成品绒，原绒出口量很少。随着纺织工业的发展，我国更多的羊绒被加工成纱线或羊绒衫、大衣、披巾等织物出口。在国际市场上，来自中国的羊绒织品占到70%~80%。

2. 目前我国养羊业还存在哪些问题？发展趋势如何？

从目前我国养羊业发展的总体情况看，还存在着以下制约因素：一是牧区饲养受到局限。一方面随着天然草地的过度开发利用,生态环境日趋恶化,草场严重退化,甚至沙化,每6.67公顷(百亩)草地载畜量仅为5个羊单位,而美国是33个羊单位,新西兰是77个羊单位;另一方面为了遏制生态环境日趋恶化,国家推行退牧还草、退耕还林还草等政策,羊群饲养空间不断减少,数量逐年下降。二是生产方式落后。由于目前在我国农、牧区,养羊业基本上处于千家万户分散饲养状态,良种化水平不高、设施简陋、饲养管理粗放,难以推行标准化、集约化等先进生产技术和经营手段,比较效益不高。

因此,我国很多地方的养羊业不得不转向舍饲。舍饲养羊,不仅有利于缓解生态环境恶化现象,也有利于由传统饲养方式向标准化、集约化方向转变,还有利于充分发挥我国现有的区位优势和饲料资源、品种资源等优势,促使我国的养羊业走向可持续发展的道路。

3. 我国推行舍饲养羊中还有哪些需要解决的问题?

羊群舍饲后明显增加了养殖成本(包括劳动力、饲料和设施成本等),而且养殖条件也较难适应羊群的正常生理需求,在一定程度上影响了养殖效益。目前主要有以下问题需要很好地研究解决。

(1)羊群生活设施差,营养缺乏 调查发现,很多养殖户养殖观念和方法还很落后,既不给羊群修建能遮风挡雨的圈舍,又不能储备足够的饲料,根本谈不上福利保健。因此,羔羊成活率低、母羊乏瘦和死亡等现象就很常见。

(2)饲料原料单一,营养不平衡 舍饲羊群普遍存在的问题是饲料原料单一。冬、春季节尤为突出。不少农户只储备玉米秸秆及少量的其他作物秸秆,有些农户虽然也种植人工牧草,但多以饲料玉米为主,并且晒制成黄干草,羊群基本上没有青干草。因此,蛋白质和维生素缺乏现象很普遍。另一方面,不注意食盐等矿物元素添加剂的补充。调查发现，很多农户没有给羊喂食盐的意识，更不知道给羊群补充矿物元素添加剂，结果导致羊群矿物元素严重缺乏，出现异食癖。

(3) 常年缺乏青绿饲料　对舍饲羊群来说，饲喂青贮饲料不仅可以代替青绿饲料，而且可以降低养殖成本。但很多有条件饲喂青贮饲料的羊场和农户不加工青贮饲料，而让有限的玉米秸秆晒干，变黄，甚至发霉，不仅造成饲料营养的浪费，而且使羊群常年缺乏青绿饲料。

4. 我国肉羊业近期发展的目标是什么？

农业部制定的全国肉羊优势区域布局规划(2008～2015)指出，到2015年，打造具有饲料资源优势、品种资源优势、市场区位优势的四大肉羊产业区域，肉羊综合生产能力得到较大幅度提高，优势产区成为我国优质羊肉供应的重要基地，建成包括肉羊良种、饲料供给、健康养殖、深度加工等在内的完整产业链条，以及全国具有带动示范作用的现代肉羊生产体系。

优势区域羊肉年产量达到240万吨，年均增长5.5%，满足国内家庭消费羊肉需求量的48%以上。

优势区域肉羊良种覆盖率达到60%，出栏肉羊平均胴体重达到16.5千克左右，优质羊肉比重达到50%以上。

通过产业化和养殖小区建设、龙头企业带动等形式，使50%的规模养殖户参与相关的专业合作组织。

保护和壮大已有品牌，积极培育新品牌，品牌肉销售量占到优势区域羊肉产量的60%以上。

5. 我国肉羊产业建设的重点是什么？

全国肉羊优势区域布局规划(2008～2015)对我国肉羊产业的发展任务与建设重点做出了明确规划。

(1) 加强肉羊良种繁育体系建设 重视国内地方肉羊品种资源的保护与利用,通过引进国外优良品种,改进本地品种,培育适合我国的肉羊新品种、新品系。加快引进种羊扩繁速度,降低种羊成本,提高供种能力。广泛开展杂交优势利用,在优势产区二元及三元杂交生产肉羊的基础上,根据不同肉羊优势区域的生态条件和品种资源情况,筛选推广相对稳定优良的杂交组合。在各优势区域范围内逐步建立健全羊品种协会,制定品种标准、实施品种登记与性能测定。

重点建设内容:根据优势区域发展需要,按梯次新建和扩建一批省级原种场、县级繁育场和乡镇改良站。

(2) 大力推广标准化生产 积极发展健康养殖业,引导养殖户转变养殖观念,推进标准化规模养殖。在农区专业养羊户和大型养羊场建立标准化生产体系,并推行标准化生产规程。加快专业化养殖小区建设,在养殖小区突出抓好品种、饲料、防疫、养殖技术和产品等五方面的标准化工作,逐步实现品种良种化、饲养标准化、防疫制度化和产品规格化,促进安全优质羊肉产品生产。推广标准化生产体系,使二元或三元杂交羔羊8~10个月体重达到35~40千克上市,生产高档羔羊肉。

重点建设内容:在优势区域扶持建立现代肉羊标准化生产示范基地,对示范基地内养殖户建标准化羊舍、青贮窖及其相关设施予以支持。

(3) 舍饲半舍饲基础设施建设 为了改善牧区因超载过牧恶化的生态环境,增加农牧民收入,在稳定养殖数量基础上,依靠科技进步,推广舍饲半舍饲养殖,提高生产性能。根据草场面积、草场生产力和季节变化,合理调整载畜量,达到草畜平衡,使草地真正发挥生态和经济双重功能。在有条件的地方,建设相应饲草基地,并充分利用农作物秸秆。

重点建设内容:对实行舍饲半舍饲的饲养规模较大的养殖户

在饲养设施设备建设方面予以扶持,如:青贮窖和草料棚建设,切割揉碎机等牧业机械购置等。

(4) 饲草料生产基地建设 建立专用饲料作物基地,实行"三元"种植结构,开发专用羊饲料及饲料添加剂,改变传统饲料结构。在牧区、半农半牧区推广草地改良、人工种草和草田轮作方式。加快建立现代草产品生产加工示范基地,推动草产品加工业的发展。加大对超载过牧的监管力度,依法打击各种破坏草原的违法行为,保证草畜平衡工作的各项措施落到实处。

重点建设内容:鼓励优势区域增加青绿饲料生产,采取多种方式推行秸秆饲用技术,积极开发利用菜饼粕和单细胞蛋白等非常规饲料资源,扩大饲料原料来源。

(5) 加强加工流通市场体系建设 加强活羊交易市场和农业信息体系建设,建立健全各级检疫检测体系和畜产品质量安全卫生标准体系,加大对畜产品质量安全的监管力度,提高加工产品质量,形成稳定的羊肉安全优质生产供应基地。鼓励加工企业做大做强,提高附加值和技术含量。实行品牌战略,充分发挥龙头企业的带动作用,打造中国著名羊肉品牌。建设现代化的畜牧业物流体系,大力推进各种产、加、销一体化的现代物流形式,逐步构建产、加、销一体化的现代产业体系。

重点建设内容:加强活羊交易市场和农业信息体系建设,根据运输半径合理布点,在优势产区建立肉羊交易市场,便于活羊流通和交易。

6. 为什么要建立养羊合作组织?

从某种意义上说,农民能够活动的半径就是他们的市场。一个普通的农户的半径是乡镇集市,或者是本县区。但一个合作社的活动半径却是省市,甚至是全国市场。以合作社的形式组织生产,不仅可为产品寻求市场,协调质量与价格之间的关系,更重要的是可以形成生产规模,便于组织农牧民进行技术培训,帮助农牧民采取更科学的生产方式,实现规模效益。在发达国家,农业合作社已成为其他组织无法取代或不能完全取代的重要组织力量。法国有13 000多个农业服务合作社,4 000多个合作社企业,90%的农场主是农业合作社的成员;德国几乎所有农户都是合作社成员;绝大多数荷兰农民甚至是3~4个合作社的成员。由此可见,合作社的活动能力要比一般的农户或者是一般的小公司要大得多,在提高农民组织化程度,保护农民利益,增加农民收入等方面有举足轻重的作用。

7. 如何提高养羊户的技术水平?

组织技术培训是提高养殖户技术水平最重要、最直接的手段和途径。可根据不同人群的需求,采取灵活多样的培训形式,给他们传递一些实用性强、操作简便、效益显著、风险小、能真正解决饲养过程中的问题的技术。给他们一种方法,一种模式,一种规程,并通过示范与引导,改进他们的观念和意识,教会他们怎样使用这些方法、模式与规程,使他们在使用技术时具有安全感。另一方面,通过建立示范场(户)引导广大养殖户。各示范场(户)是首先得到社会各种支持与帮助而发展起来的,他们是龙头、是榜样,他们可以引领大家走向养羊致富之路。

二、良种羊的选择与利用

1. 什么是良种羊？

良种羊是指一个羊的品种，在一定生态条件和社会条件下，由人类选育出来的具有较高经济价值和种用价值，又有一定结构和相当数量的绵、山羊类群。由于其具有共同的血统来源和遗传基因，其个体都有相似的生产性能、形态特征、生态特征，并能将其重要的特征、特性稳定地遗传下去。良种又分地方良种和培育良种。前者是通过品种内的选择、淘汰、合理选配和科学培育而成。地方良种都具有某一突出的优良生产性能。但品种内个体间、地区间的性状表现差异较大。培育品种是指有明确的育种目标，在遗传育种理论与技术指导下，经过较系统的人工选择过程而育成的绵、山羊品种。这类品种集中了特定的优良基因，其产品相对比较专门化，在类型上更为一致。

2. 为什么要饲养良种羊？

因为良种羊本身具有较高的生产性能，如我国引进的布尔良种肉山羊羔羊在断奶前的日增重通常在200克以上，而我国多数地方山羊品种羔羊在断奶前的日增重不到100克，有的仅为40～50克，需要良种予以改进提高。良种不仅可以改良提高同类型的其他低产品种的产品产量，而且可以改进产品质量。由此可见，养殖良种羊可获得较高的收益。

3. 目前国内主要有哪些肉绵羊良种？各有什么特点？

目前国内饲养的肉绵羊良种均为引进品种，主要有：

(1) 黑头萨福克羊 原产于英国。该品种体格较大,公、母羊均无角,颈粗短,胸宽深,背腰平直,四肢粗壮结实,后躯发育良好,全身肌肉丰满。体躯主要部位的被毛为白色,头、耳及四肢均为黑色。该品种早熟,适应性强,生长发育快,成年公羊体重100~136千克,剪毛量5~6千克;成年母羊70~96千克,剪毛量2.5~3.6千克。毛长7~8厘米,羊毛细度50~58支。产羔率为141.7%~157.7%。4月龄肥育公羔平均胴体重达到24.2千克,母羔达到19.7千克,而且瘦肉率高,是生产优质羔羊肉的理想品种。美国、英国、澳大利亚等国都将该品种作为生产肉羔的终端父本品种。

我国从20世纪70年代起,先后从澳大利亚、新西兰等国引进该品种,目前在西北、东北、华北、华中等地均有分布。大量试验证明,萨福克羊对我国各地绵羊品种的产肉性能改进效果显著,但杂交后代中杂色被毛个体较多。

(2) 无角陶赛特羊 原产于澳大利亚和新西兰。该品种全身被毛为白色,公、母羊均无角。颈粗短,胸宽深,背腰平直,躯体呈圆桶状,后躯丰满,四肢粗短。该品种生长发育快,早熟,可全年发情配种,适应性较好。成年公羊体重90~110千克,成年母羊65~75千克。成年母羊产毛2~3千克,毛长7.5~10厘米,羊毛细度56~58支,产羔率137%~175%。4月龄肥育公羔平均胴体重达到22千克,母羔达19.7千克。在新西兰,该品种用作反季节羊肉生产的专门化品种。

我国在20世纪80年代末开始引入,目前分布地域的广泛性与萨福克羊相近。无角陶赛特羊与我国各地绵羊的杂交效果也较好,杂种羔羊不仅生长发育快,而且具有早熟、净肉率高等特点。

(3) 杜泊羊 原产于南非共和国。该品种分长毛型和短毛型两个品系。但大多数南非人喜欢饲养短毛型杜泊羊。短毛型杜泊羊头颈为黑色,体躯和四肢为白色。无角,额宽,鼻梁隆起,耳大稍垂。颈粗短,肩宽厚,背平直,肋骨拱圆,四肢强健,前胸丰满,后躯

二、良种羊的选择与利用

肌肉发达。该品种具有早熟、生长发育快、适应性强、板皮品质好等特点。100日龄公羔平均体重可达到34.72千克,母羔达31.29千克;成年公羊体重100~110千克,成年母羊75~90千克。杜泊羊的繁殖表现主要取决于营养和管理水平。因此,年度间、种群间和地域间差异较大。正常情况下,产羔率为140%。该品种具有很强的适应性,既耐热又抗寒,耐粗饲,放牧舍饲皆宜。被毛短,不需剪毛,当气候变暖时能自行脱落。但在潮湿条件下,易感染肝片吸虫病。羔羊易患球虫病。

我国近年来也有引进,目前山东、陕西、河南、辽宁、北京等省、直辖市都有分布,该品种对其他绵羊产肉性能的改进与提高效果较好,可作经济杂交肉羊的父本品种。

(4)特克赛尔羊 原产于荷兰特克赛尔岛。该品种无角,全身白色,鼻镜、口唇、眼圈和蹄质为黑色。体型大,背腰宽而平直,体躯肌肉丰满,后躯发育良好。该品种的突出优点是生长速度快,羔羊70日龄前平均日增重达300克,在适宜的草场条件下,4月龄羔羊平均体重达40千克,6~7月龄达50~60千克。屠宰率为54%~60%。产羔率为150%~160%。成年公羊体重115~130千克,成年母羊75~80千克。该品种在比利时、卢森堡、丹麦、德国、法国、英国、美国、新西兰等国广泛分布,并被推荐为经济杂交肉羊的父本品种。

我国于1995年首次从德国引进,目前分布在黑龙江、甘肃、内蒙古、宁夏、北京等地。特克赛尔羊与我国小尾寒羊、东北细毛羊等品种的杂交效果都比较好。

(5)夏洛莱羊 原产于法国中部的夏洛来丘陵和谷地。该品种头部无毛,面部呈粉红色或灰色,额宽,耳大;颈短粗,肩宽平,胸深宽,背腰平直,肌肉丰满,体躯长,后躯宽大;两后肢间距大,肌肉发达,呈"U"形,四肢较短。肉用体型良好。夏洛莱羊具有早熟、耐粗饲、采食能力强和肥育性能好等特点。成年公羊体重100~

150千克,成年母羊75~95千克;成年公羊剪毛量3~4千克,成年母羊1.5~2.2千克。毛长4~7厘米,羊毛细度56~58支。经产母羊的产羔率为182%。6月龄公羔体重48~53千克,母羔38~43千克。但该品种抗暑能力较差,热应激反应强烈。

我国在20世纪80年代开始引入,目前在河北、河南、山东、辽宁、北京、内蒙古等省、直辖市、自治区均有分布。夏洛莱公羊对我国当地绵羊产肉性能的改良效果显著,但杂种羔羊初生阶段被毛短,对寒冷气候条件的适应性较差。

4. 世界上最著名的肉山羊良种是哪个？

世界上最著名的肉山羊良种是布尔山羊,也叫波尔山羊。该品种原产于南非,是目前世界上唯一公认的肉用山羊良种。我国引进的布尔山羊以白色为主。其体躯主要部位为白色,头部一般为红(褐)色并有广流星(白色条带),短毛,有角,耳大下垂。体躯结构良好,背宽而平直,肌肉丰满,整个体躯圆厚而紧凑,四肢短而结实。该品种羔羊初生重一般为3~4千克,断奶前公羔平均日增重可达200克以上,母羔为160~180克。在良好的饲养管理条件下,6月龄公羔平均体重可达30千克,最高达42千克;6月龄母羔平均体重可达26千克,最高达37千克。成年公羊体重最高可达140千克,一般为100~120千克;母羊最高可达90千克,一般为65~75千克。成年母羊的产羔率为180%~220%。

布尔山羊的性成熟年龄明显晚于国内济宁青山羊、马头山羊、黄淮山羊和福清山羊等品种。公羊平均性成熟年龄为242天,但不同性格的布尔山羊公羊的性成熟年龄有较大差异,最早为183天,最晚为345天。母羊平均性成熟年龄为182天,最早为156天,最晚为224天。因此,该品种不属于早熟品种,只能称为较早熟品种。

我国于1995年首次从德国引进,并在随后的几年内从新西

二、良种羊的选择与利用

兰、澳大利亚等国家大量引进,分布在陕西、江苏、山东、北京等20多个省、直辖市。布尔山羊对其他山羊品种的产肉性能改进效果十分显著,与奶山羊杂交的后代表现更加突出,不仅初生重大,生长速度快,而且具有较高的繁殖力。因此,布尔山羊被看作是理想的山羊羔羊肉生产品种和经济杂交肉羊的终端父本品种。

5. 头部毛色和耳形是选购布尔山羊的依据吗?

一般来说,选购布尔山羊可参考品种标准。作为肉羊品种,首先考虑的是与生长速度和肉质有关的因素,其次是体型外貌。毛色和耳形是品种特征,是鉴别纯种布尔山羊与杂种羊的依据。但对纯种羊来说,头部毛色和有色毛面积、耳形大小与生产性能没有直接关系。因此,在确认布尔山羊为纯种的前提下没有必要过分地追求毛色和耳形。在原产地南非,布尔山羊的毛色差异很大,改良型白色布尔山羊约占总饲养量的2/3。目前世界上很多肉山羊育种工作者和农场主根据自己的爱好选育出了白色、红色、黑色、杂色等不同类型的布尔山羊。

6. 南江黄羊属于肉山羊品种吗?

南江黄羊是在我国四川省南江县培育成功的肉山羊品种。该品种被毛呈黄褐色,毛短紧贴皮肤,富有光泽,被毛内层有少量绒毛。公羊颜面毛色较黑,前胸、颈肩、腹部及大腿被毛深黑而长,体躯近似圆桶形。母羊大多有角。南江黄羊成年公羊平均体重达到66.87千克,成年母羊45.64千克;周岁公羊平均体重37.61千克,周岁母羊30.53千克。在放牧条件下,6月龄宰前平均活重可达21.55千克,平均胴体重9.71千克。南江黄羊母羊常年发情,8月龄就可配种。成年母羊双羔率可达70%以上,群体产羔率达到205.42%,而且泌乳性能好,生活力强,板皮质量优。

7. 小尾寒羊属于肉羊品种吗?

原产于山东省菏泽地区的小尾寒羊属于肉、裘兼用的短脂尾品种。该品种体质结实,鼻梁隆起,耳大下垂,公羊有较大的螺旋形角,母羊有小角或姜角。公羊前胸较深,背腰平直,身躯高大,侧视呈长方形,四肢粗壮。小尾寒羊生长发育较快,3月龄断奶公、母羔平均体重可达20.8千克和17.2千克;周岁公、母羊平均体重分别为60.8千克和41.3千克;成年公、母羊平均体重分别为113.33千克和65.85千克。可四季发情,繁殖力高,平均产羔率达250%。由于该品种具有较高的繁殖力,目前国内许多地方用引进良种肉羊与该品种进行经济杂交,取得了较好的效果。但与引进良种肉羊相比,该品种体型结构、屠宰率以及肉品品质较差。因此,小尾寒羊只能被看作是一个较好的肉羊杂交母本品种。

8. 目前国内主要有哪些奶山羊品种?

(1) 关中奶山羊 关中奶山羊是自1937年开始,利用萨能奶山羊与陕西地方山羊杂交选育而成的乳用品种。主要分布在陕西富平、三原、泾阳、扶风、千阳、宝鸡、渭南、临潼、蓝田、蒲城等县,具有适应性好,抗病力强,产奶量高等特点。其饲养量约占全国奶山羊饲养量的1/2。关中奶山羊的体型外貌与萨能奶山羊相似,头长、颈长、体长、腿长、眼大、鼻直、嘴齐、耳长。体型高大,呈楔形,细致紧凑,体质强健。被毛较短,白色。皮肤粉红色。四肢端正。公羊体型雄威,成年公羊体高在80厘米以上,体重在75千克以上;母羊体型俊秀,乳房丰满,体高在69厘米以上,体重在44千克以上。在一般饲养管理条件下,母羊二至三胎的年产奶量(按300天计)最高可达到700千克以上。

(2) 崂山奶山羊 崂山奶山羊是用萨能奶山羊与崂山当地山羊杂交选育而成。主要分布在山东省的东部、胶东半岛以及鲁中

二、良种羊的选择与利用

南地区。该品种体质结实,结构紧凑而匀称,但体格、体重和产奶量均次于关中奶山羊。

9. 世界上最著名的奶山羊品种是哪个?

世界上最著名的奶山羊品种是萨能奶山羊,该品种原产于瑞士伯尔尼西部的萨能山谷。该地区属于阿尔卑斯山区,灌木丛生,牧草繁茂,处处泉水,气候凉爽,适宜放牧。当地居民主要经营奶畜业,为家庭、游客提供鲜奶,生产干酪,出口种羊。由于自然条件优越和国家重视,当地人们精心选育出了这一高产奶山羊品种。

萨能奶山羊以其产奶量高、适应性强、改良效果好而被世界各地引进并用于改良当地山羊,育成了很多新的奶用山羊品种,如英国萨能奶山羊、以色列萨能奶山羊、德国萨能奶山羊和我国的西农萨能奶山羊、关中奶山羊等。

萨能奶山羊具有乳用家畜特有的楔形体形,体格高大,各部位轮廓清晰,结构紧凑细致。头长,面直,耳长直立,眼大灵活。被毛粗短,为白色。皮肤薄,呈粉红色。公、母羊大多有胡须而无角或偶有短角,部分个体颈部有肉垂。公羊颈部粗壮、母羊颈部细长。胸部宽深,腰长平直,后躯发育良好。公羊腹部浑圆紧凑,母羊腹大而不下垂。四肢结实,姿势端正。母羊乳房基部宽广,向前延伸,向后突出,质地柔软,乳头大小适中。成年公羊体高80~90厘米,体重75~95千克;成年母羊体高70~78厘米,体重55~70千克。经产母羊多产双羔或多羔,产羔率为160%~200%,年泌乳期为300天左右,产奶量为600~1200千克,利用年限为6~8年。

萨能奶山羊在我国的存栏量较少,主要饲养于陕西千阳、富平等县。

10. 怎样选择高产奶山羊?

选择高产奶山羊时,需做好以下三项工作:

(1) 看体质与体型 一般说来,体质健康的羊适应性强,能充分发挥其生产性能。理想型高产奶山羊要求健康活泼,行动敏捷,采食速度快。体躯结构匀称,头颈较长,眼睛灵活有神,肢体端正,前躯略高,后躯发达,整个身体呈楔形。

(2) 看乳房 奶山羊产奶量的高低与乳房的形状及结构有直接关系,选购时可以从以下三个方面判断其是否高产。

①**乳房形状** 从外表看,圆大形乳房较理想,即乳房丰满且对称,乳头大小适中,稍伸向前方,乳头与乳房有明显界限。如果乳房呈紧缩型或呈小球状,乳头短而细小,不便挤奶,产奶量低。有的羊乳房松弛下垂到飞节或飞节以下,乳头短粗与乳房界限不明显,形似一个长袋。这类乳房虽然容积大,产奶量较高,但行走不便。

②**乳房结构** 高产羊的乳房皮肤细而薄,表面无毛或在基部有少量绒毛。触摸时感觉柔软而富有弹性,内无硬核。挤奶前乳房膨大,挤奶后明显缩小,表面有许多皱褶。腺体组织发达,结缔组织少,这种乳房被称为腺体乳房。低产乳房皮肤较粗,摸之如瘦肉,无弹性、内有硬核。乳房容积在挤奶前后变化较小,腺体组织很少,这种乳房被称为肉质乳房。

③**乳静脉** 凡是乳静脉粗大,长而弯曲明显、侧面分支血管多的羊泌乳能力强,产奶量较高。如果乳静脉不发达,无明显弯曲,其侧面血管分支少,则产奶量不高。

(3) 查资料 通过查看所选羊只的母亲和姊妹产奶记录,预测其产奶性能。

11. 奶绵羊有哪些品种?

目前世界上最好的奶绵羊品种是原产于荷兰和德国西北部的东佛里森羊。该品种体格大,体型结构良好。公、母羊均无角,被毛白色,偶有纯黑色个体出现。体躯宽长,腰部结实,肋骨拱圆,臀部略倾斜,尾瘦长。乳房结构良好,乳头大小适中。成年公羊体重90～120千克,剪毛量5～6千克。成年母羊体重70～90千克,剪毛量4.5千克以上,年产奶260～300天,产奶量为500～810千克,乳脂率高达6%～6.5%。产羔率200%～230%。对温带气候条件有良好的适应性。我国辽宁、河北、北京等省、直辖市都曾引进过东佛里森羊,目前存栏量不大。

另外,由东佛里森与英国莱斯特和无角陶赛特等品种杂交培育而成的英国奶绵羊泌乳期达300天,产奶量达到650～900千克,周岁母羊产羔率达到221%,成年母羊产羔率达到307%。原产于法国南部的拉考内羊(Lacaune)成为目前法国广泛饲养的奶绵羊品种,存栏量达到80万只,产羔率达到180%。中东地区的阿瓦斯羊(Awassi)也是比较好的奶绵羊。

12. 高产奶羊具有高繁殖力吗?

一般来说,产奶量与繁殖力之间没有明显的遗传相关。高产奶羊不仅繁殖力不高,而且常常出现繁殖力下降现象,其主要因素是:

(1) 低能量日粮 奶羊分娩后泌乳量迅速升高,对干物质的需要量急剧增加。如果日粮中的能量不能满足需要,供应严重短缺或短缺现状持续时间过长,就会造成奶羊产后卵泡发育受阻、优势卵泡不能排卵或卵泡囊肿等。

(2) 高蛋白质日粮 奶羊采食高蛋白质日粮可使血液中的尿素和氨浓度升高,造成不利于胚胎生长和存活的子宫内环境。高浓度的尿素可改变子宫内pH值和影响子宫内膜分泌离子的功能,而且可能会干扰孕酮对子宫微环境的诱导作用。高浓度的氨对胚胎也有毒害作用。因此,奶羊采食过多的蛋白质会降低胚胎的质量,并影响胚胎在子宫内的存活。

(3) 遗传选择 有人对奶牛观察发现,产奶量与繁殖性状的选择呈负相关,对高产性状的成功选择可导致母牛繁殖力的降低。高产奶牛产后更容易动员大量的体组织来满足高产奶量的需要。因而会造成能量负平衡和体重损失,进一步导致繁殖力下降。这种现象也可能发生在高产奶羊身上。

鉴于以上原因,必须对高产奶羊采取科学的饲养管理方法,尤其要注意日粮的合理搭配与供给,不能饲喂过多的高蛋白质饲料,而要饲喂一定量的青草(青干草)和多汁饲料。

13. 国内主要有哪些绒山羊品种?

20世纪50年代以来,国家对绒山羊的选育、提高和改良工作相当重视,在对地方优良绒山羊普查的基础上,采取积极有效的措施进行选育,先后育成了辽宁绒山羊、内蒙古白绒山羊、陕北白绒山羊、乌珠穆沁白绒山羊、罕山白绒山羊、河西绒山羊、新疆博格达白绒山羊、新疆南疆绒山羊、柴达木绒山羊等品种。主要分布在我国北纬40°以北地区。2009年,全国山羊饲养量达到15 050.1万只,羊绒产量达到1.7万吨。

(1)辽宁绒山羊　辽宁绒山羊主要分布于辽宁省东部一带的山区、丘陵和零星草场交错地带。由于该品种具有体质强健、羊绒洁白品质好、产绒量高、适应性强、遗传性稳定、适合放牧饲养等特性,自20世纪80年代初以来,已向国内很多地区推广。该品种成年公羊平均体重53.5千克,平均产绒量达到600克,成年母羊平均体重44.0千克,平均产绒量达到400克。但该品种羊绒较粗,平均细度超过16微米。

(2)内蒙古绒山羊　内蒙古绒山羊属于古老的地方良种,是我国最优良的绒山羊品种之一,具有独特的体型、外貌,良好的产绒性能及羊绒品质,有较强的适应性和抗病力,成年公羊平均体重47.8千克,平均产绒量为385克;成年母羊平均体重27.4千克,平均产绒量为305克,羊绒平均细度为15.6微米。

(3) 陕北白绒山羊 陕北白绒山羊是以辽宁绒山羊为父本,陕北黑山羊为母本,采用两个品种育成的杂种方式,经过25年的培育形成的以产绒为主、绒肉兼用型山羊新品种。主要分布在陕西省北部榆林、延安两市的横山、靖边、神木、榆阳、甘泉、宝塔、安塞等14个县、区,数量已达200多万只。在一般饲养管理条件下,成年公羊抓绒后平均体重41.2千克,平均产绒量723.8克,成年母羊抓绒后平均体重28.67千克,平均产绒量为430.4克。据对靖边北方牧业公司106只3岁成年母羊的测定,羊绒平均细度为15.26微米。

14. 怎样选购高产绒山羊?

选购高产绒山羊时,首先要选择高产品种。二是看体格大小。产绒量的多少与羊的体格、体重相关。由于体格大则体表面积大,次级毛囊数量多,产绒量也就多。因此,要选择体格发育匀称、体躯长、胸部较深、肋骨开张良好的羊只。三是看羊绒密度。羊绒越密,产绒量越高。四是看毛丛的自然长度。一般情况下,毛丛自然长度长,绒的伸直长度也长,产绒就多。如果仅仅考虑产绒量而不考虑羊绒细度,就应选留毛丛长的个体。毛丛长度与羊绒细度相关。通常情况下,羊绒越长,细度越粗;羊绒越粗,市场越不欢迎。因此,在追求羊绒产量的同时还应兼顾质量。

15. 怎样优化绒山羊群体?

(1) 选择饲养健康无病、体质结实、体型外貌符合品种标准的优秀个体。

(2) 及时选留后备母羊,后备母羊应占到羊群饲养量的1/3左右。

(3) 繁殖母羊应以2~3岁个体为主。据有关专家对靖边县种羊场221只2~6岁绒山羊母羊的产绒量和羊绒品质测定,虽然

2岁母羊的产绒量较低,但羊绒细度较理想,为13.99微米。3岁时羊绒产量有所上升,细度增至15.26微米,但仍在优质羊绒细度要求范围之内。4岁时产绒量最高,但细度已经超过16微米,此后变化不大。显然,4岁以后羊绒的纺织价值有所下降。因此,为了兼顾羊绒质量和产量,应适当提高羊群中2～3岁母羊的比例,及时淘汰4岁以上的母羊。

16. 怎样提高山羊的产绒量?

(1)饲养高产品种 不同品种的产绒量差异很大,高产品种中成年母羊的产绒量可达到1千克以上,但许多低产品种的产绒量却不足0.5千克,有的仅为0.2～0.3千克。因此,选择高产品种是至关重要的。

(2)科学养殖 山羊绒从每年的6～8月份开始生长,9～12月份进入最佳生长期,到第二年2月份停止生长,4月份开始脱换。8～12月份期间生长的绒毛量占到总产绒量的90%,可见,绒毛生长的最佳时期在秋季和初冬。所以要提高山羊绒产量,必须抓好这两个时期的饲养管理。放牧羊群,应尽量延长放牧时间,舍饲羊群则要注意饲料搭配,保证各种营养成分的均衡充足供给,尤其要注意豆科牧草的搭配和矿物元素的供给,同时要注意清洁饮水的供给。

(3)合理安排产羔季节 繁殖季节对产绒量影响较大,而春羔产绒量明显高于冬羔,而且产春羔的母羊本身绒的产量也高于产冬羔母羊。因此,绒山羊应在每年9～10月份配种,次年2～3月份产羔,但产羔时间尽量不要推迟到"黑色"4月份,因为我国北方地区4月份气温变化较大,羔羊死亡率较高。另外,产羔率和产羔频率也影响母羊的产绒量。一般来说,产双羔羊的母羊产绒量较低,年产两胎的母羊产绒量更低。对此,各养殖场(户)应根据羔羊和羊绒的比较效益来定产羔季节。

(4) 适时抓绒 抓绒方法也直接影响个体产绒量。我国北方地区一般在4月中下旬开始抓绒。抓绒过早,绒毛不易梳掉,且羊易患感冒;抓绒过迟,会造成羊绒损失和品质下降。一般在发现山羊头部、耳根及眼圈周围的绒毛开始脱落时,便开始抓绒,否则会造成羊绒流失。

17. 我国著名的羔皮羊品种有哪些?

我国著名的羔皮羊品种有湖羊和济宁青山羊等。

(1) 湖羊 湖羊是世界上稀有的白色绵羊羔皮羊品种。具有早熟、四季发情、多胎多羔、繁殖力强、泌乳性能好、生长发育快、肉质好、耐高温高湿等优良性状,分布于我国太湖地区,终年舍饲。羔羊出生后1~2天宰杀剥取的羔皮(亦叫小湖羊皮),板轻薄而致密,毛色洁白,光泽好,花纹如流水行云,呈自然波浪状,卷曲明显,扑而不散,美观悦目,在国际市场上享有很高的声誉,有"软宝石"之称。湖羊羔皮可根据市场流行色泽染成各种颜色,加工成以美观为主的各式女用翻毛大衣、镶边外衣、春秋时装和童装、帽子、披肩等。

(2) 济宁青山羊 济宁青山羊主要分布于山东省菏泽市和济宁市的20多个县。该品种体格较小,成年公羊体重约30千克,成年母羊体重约26千克。此种山羊性成熟较早,4个月龄即可配种,母羊常年发情,年产两胎或两年产三胎,一胎多羔,平均产羔率为293.65%。羔羊出生后3天内屠宰,所剥取的羔皮叫猾子皮,其特点是毛细短,密紧适中,在皮板上构成美丽的花纹,花形有波浪、流水及片花等,是制造翻毛外衣、皮帽、皮领的优质原料。

另外,由原苏联引进的卡拉库尔羊也是一个著名的羔皮与产乳兼用的优良品种。该品种以黑色为主,部分个体为灰色、彩色(苏尔色)和棕色等。被毛的颜色随着年龄的增长而变化。初生时为黑色,到断奶时逐渐变成褐色,到1~1.5岁时变成灰白色,而头、四肢和尾部的毛色不变。该品种所产的羔皮有黑、灰、棕等色。羔皮上的毛卷可分为轴形卷(卧蚕形卷)、豆形卷、肋形卷、鬣形卷等,其中轴形卷是卡拉库尔羔皮中最理想的毛卷。由于卡拉库尔羔皮花纹美丽,光泽柔和,皮板细腻而轻便,可加工成皮帽、皮领、披肩和皮夹克、皮大衣等。

18. 我国著名的裘皮羊品种有哪些?

我国著名的裘皮羊有滩羊和中卫山羊。

(1)滩羊 滩羊系蒙古羊的一个分支,主要分布于宁夏黄河沿岸各地以及陕西省定边县和甘肃省环县。该品种体质坚实,适应性强,能在荒漠、半荒漠地区正常生存与繁殖,所产的羊肉细嫩,脂肪分布均匀,膻味小。羊毛富有光泽和弹性,是纺织提花毛毯的优质原料。但该品种是以产"二毛皮"而著名于世。二毛皮为羔羊出生后30天左右宰剥的皮,毛股紧实,长而柔软。由于毛股的长短和弯曲的形状不同,形成了不同类型的花穗,其中串字花和软大花属于上等花穗。此外,还有核桃花、笔筒花等,但其品质均不如前两种。滩羊二毛皮保暖性好,不易毡结。皮板致密,轻便结实,主要用于加工皮大衣、马甲等。近年来被加工成褥子、围巾或用作衣服的镶边。

(2)中卫山羊 中卫山羊是我国特有的裘皮用山羊品种,产于宁夏的中卫、中宁、同心、海原,甘肃中部的皋兰、会宁等县及内蒙古阿拉善左旗。产区属于半荒漠地带。该品种具有耐粗饲、耐湿热、对恶劣环境适应性好、抗病力强、耐饥渴等特点,有饮咸水、吃咸草的习惯。中卫山羊被毛为纯白色,分内外两层,外层为粗毛,内层为绒毛。羔羊1月龄左右宰剥的裘皮被毛呈毛股结构,毛股达到7.5厘米,且有3~4个,甚至6~7个波浪形弯曲,具有美观、轻便、结实、保暖和不擀毡等特点,从外观上看很像滩羊二毛皮。若用手捻摸其毛尖有沙样的感觉,因此,该品种也叫沙毛山羊,所产的裘皮叫沙毛皮。

我国裘皮羊品种还有岷县黑裘皮羊和贵德黑裘皮羊等品种，每个品种所产的裘皮都具有一定特色。

19. 我国最著名的笔料毛羊品种是哪个？

我国最著名的笔料毛羊是长江三角洲白山羊，主要分布在江苏的南通、苏州、扬州，浙江的嘉兴、杭州和上海市郊区各县等地。该品种羊毛挺直有锋，是制作毛笔的优质原料。成年公羊平均体重28.6千克，母羊18.4千克。该品种母羊6~7月龄可初配，经产母羊多为两年产三胎，每胎2~3只羔羊，最多达6只，平均产羔率228.6%。

山羊笔料毛以10月龄公羊的领鬃毛为上品。公羊被去势或配种之后，这种笔料毛会自然消失。

20. 良种羊还需要继续选育吗？

一个品种是由很多个体组成的，而个体间的差异是不能免除的。因此，如果不注意品种的继续选育提高，任凭不良个体发展，群体生产水平就会下降，一些优势性状可能丧失，甚至出现退化现象。因此，对任何一个良种羊仍需要进行不断地选优汰劣。

21. 引进良种羊时应注意什么问题？

第一，看生产性能。对于肉羊来说，主要看其产肉性能。羔羊肉是未来羊肉市场的主流产品，用于羔羊肉生产的品种必须具备繁殖力高（早熟、产羔多）、前期生长速度快、适应性强等特点，而不要过分追求大型肉羊品种，因为体格较大的品种往往不具备这些特点。因此，目前市场上最受欢迎的肉羊品种，尤其是用作终端父系品种的绵、山羊多为体格中等的短腿羊。

第二，看适应性能。首先要了解欲引进品种的培育历史、生态环境和生理特点及其适应性能,考虑引进品种是否可以适应引入地的生态环境条件。在相同饲养管理和群体规模条件下,适应性强的品种患病概率和死亡率低,可减少治疗疾病的医药费和人工费,获得较多的饲养效益。否则,如果将短毛种肉羊引入高寒地区可能由于不适应当地生态环境而死亡。

第三,注意原产地与引入地的季节差异,由温暖地区引至寒冷地区宜在夏季调运,由寒冷地区引至温暖地区则宜于冬季抵达,以使羊只逐渐适应气候冷暖的变化。

第四,要对购羊所在地进行疫病考察,确认无传染病方可选购,并对所挑选的羊只进行严格检疫,确保健康无病后再引入,以避免不必要的损失。

第五,长期饲养在低海拔地区的绵、山羊向高海拔地区引种时,可采用逐渐过渡的措施,如先在海拔2000～3000米地区饲养1～2年后,再转移到3000米以上的地区。

第六,明确用途。即用于纯种繁殖还是杂交改良?用于什么品种的杂交改良?改良效果是否理想?如果用于杂交,可在先行杂交试验的基础上做出决定。如我国北方地区,开展肉绵羊杂交改良多选择萨福克和陶赛特羊,不仅是因为这两个品种对其他绵羊品种杂交改良效果好,而且由于它们本身的生产力和生活力较好。同样各地选购布(波)尔山羊进行肉山羊杂交改良,也是考虑了该品种适应性和对其他山羊品种产肉性能的改良效果。

22. 良种就是种羊吗? 怎样选留种羊?

种羊是各品种中的最优秀的可用来繁殖后代的个体,通常是从后备种羊群中精选出来的特级、一级个体。后备母羊的数量,一般要达到需要数的3～5倍,后备公羊的数量也要多于需要量。因此,不论是地方品种,还是培育品种,所有可保留或发展的品种都是选留其中少数优秀个体用作种羊,而不是它们的全部。即使很优良的品种,也不例外。因此,良种不等于种羊。

种羊选择应从以下三方面入手。

(1)从优良的公、母羊交配后代中的全窝都发育良好的羔羊中选择。母亲应为第二胎以上的经产多羔羊。

(2)从初生重和生长各阶段增重快、发育好的羔羊中选择。

(3)要看后备种羊所产后代的生产性能,是不是将父、母代的优良性能传给了后代,凡是优良性状遗传力差的个体都不能选留。

23. 体格大小是选留种羊的重要指标吗?

对于同期出生的羔羊而言,体格较大的个体发育较好。体格大小通常也是选留种羊时首先考虑的因素之一,但不是唯一的因素。因为体格只是一只羊在特定条件下的一种表现,即表型性状,这一性状能否稳定地遗传给后代,仅参考表型是不够的,还要根据其他因素做出判断。如环境条件,被比较和选择的羊是否处于相同的饲养管理环境,因为生活在较为优越的营养条件下的羔羊(如单羔由奶量充足的母羊哺乳)总要比生长在逆境中的羔羊(一胎多羔,营养不足或患过疾病)长得快。处在这样两种环境下的羔羊体格大小就没有可比性。因此,选留种羊时,还要参考其父母和其他祖先的资料、同胞兄妹的资料、后裔资料和饲养管理条件。

24. 怎样进行羊的体重和体尺测量?

体重是指羊在早晨放牧或饲喂前空腹时称取的活体重量。由于羊属于小型动物,其体尺测量结果通常受站立姿势、膘情、精神状态等因素的影响。因此,在个体评定工作中,仅作为参考值。一般来说,羊的体尺主要测量体高、体长、胸围和管围4项。

体高:是鬐甲顶点至地面的垂直高度,也称鬐甲高。

体长:从肩端到臀端的距离,也称体斜长。

胸围:沿肩胛后缘量取的胸部周长。

管围:在左前肢管部上1/3最细处量取的水平周长。具体测量部位见图2-1。

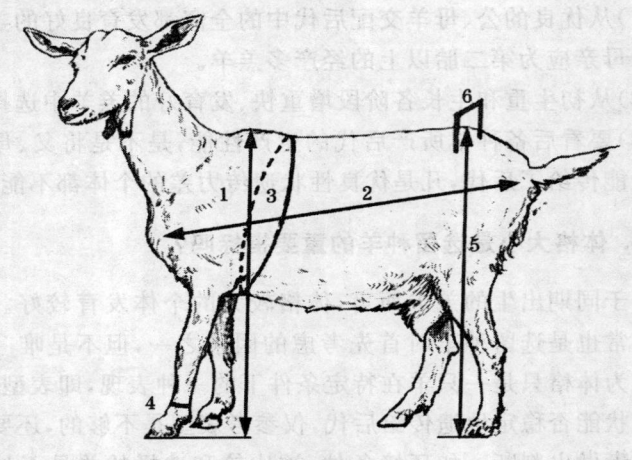

图 2-1 羊体尺测量示意图
1. 体高 2. 体长 3. 胸围 4. 管围
5. 十字部高 6. 腰角宽

25. 怎样根据牙齿判断羊的年龄?

羊的年龄主要根据门齿的生长发育、脱换、磨损和松动等情况做出判断。羊共有32枚牙齿,上颌无门齿,仅有12枚臼齿,每边各有6枚;下颌有8枚门齿,另有12枚臼齿,每边各有6枚。下颌8枚门齿中,最中间的2枚叫切齿,也叫钳齿,紧靠切齿的一对为内中间齿,再外面的一对为外中间齿,最外面的一对叫隅齿。幼年羊的牙齿叫乳齿,洁白而细小。通常情况下,羊出生时就有6枚乳齿;3~4周龄时,8枚乳齿长齐;1岁时第1对乳齿更换成宽大的永久性门齿(钳齿);2岁时内中齿脱换;3岁时外中齿脱换;4岁时隅齿脱换;5岁时个别门齿有明显的齿星;6岁时磨损更多,门齿间出现明显的缝隙,齿龈凹陷,齿冠变小;7~9岁时牙根活动并陆续脱落。但饲养管理条件会影响牙齿的脱换和磨损。如饲料中钙、磷比例失调,牙齿脱换时间会推迟,质地变松,过早脱落。但在石灰质地貌条件下放牧的羊只则牙齿磨损较早。因此,根据牙齿判断羊的年龄还要参考饲养管理条件。

26. 选留种公羊时是否需要考虑其性格特点?

研究表明:布尔山羊存在着明显的性格差异,这种差异不仅影响公羊的性成熟年龄和周岁后的体增重,而且影响其采精量和精液品质。其中性格稳健型的布尔山羊公羊的精液品质、配种能力均优于急躁型和迟钝型公羊。因此,在其他性能指标相近的条件下,选择性格稳健型的公羊更为有利。在对断奶公羔进行鉴定和选留时,应适当考虑其父本的性格行为特点。

27. 怎样选购肉用种羊?

选购肉用种羊时,一是看是否具备下列条件:健康无病,精力旺盛,肢体端正,眼大有神,毛色符合品种标准。体型结构良好,前胸丰满,后躯发达,睾丸大而紧凑。二是查看鉴定记录,如初生体重、断奶体重、6月龄体重、8月龄体重、周岁体重等。三是查看系谱,要对其上几代羊的生产性能如体重、产肉量、繁殖力、泌乳量、体型、外貌等进行认真考察,只有好的祖先,才能有好的后代,同时查明该个体与欲购进的母羊是否属于近亲关系。经过后裔测验的公羊,还要看后代的主要经济指标。后代好,就说明该种羊遗传性能稳定,否则,体型再好也不能购进。

28. 肉羊的副乳头算不算遗传缺陷?

羊通常有两个发育良好的乳头,但有的羊在正常乳头附近又长出一个或者几个大小不等的乳头,人们称之为副乳头。对奶羊来说,副乳头影响挤乳,被看作是一种遗传缺陷,通常被淘汰。但对肉羊来说,副乳头不影响健康、生产和哺乳。据有关专家观察,具有副乳头(包括多乳头)的布尔山羊母羊繁殖力较高,其3~3.5岁时平均每胎产羔2.57只。因此,对肉用羊来说,可以选留具有副乳头的母羊。

29. 为什么选留初产多羔的母羊更为有利?

据前人对布尔山羊繁殖行为习性的连续观察,发现初产三羔的母羊5年累积产羔数比初产单羔的母羊多7.45只,比初产双羔的母羊多4.55只。作为肉羊,产更多的羔羊就意味着生产更多的羊肉,因此选留初产多羔的母羊更为有利。

30. 什么叫羊群血液更新法?在什么情况下使用该方法?

引进同一品种与所配母羊无血缘关系的公羊来改进羊群品质的方法称为羊群血液更新法。此方法要求所引进的公羊生产性能较高,一般在下列情况下使用。

第一,羊群比较小,长期采用封闭式育种,使羊群中的个体都和某一头公羊有亲缘关系,并且已经发现由于近亲繁殖而产生不良影响。

第二,一个品种引入到一个新的自然环境,在生产性能上表现出某些退化现象。

第三,一个品种或品种群的生产性能达到一定水平以后,呈停滞状态或出现下降现象。

31. 什么是终端父系品种?为什么要选择终端父系品种?

终端父系品种是指在采用多品种杂交方法(多元杂交)生产杂种肉羊过程中,最后用来杂交的公羊品种。对杂种肉羊来说,终端父系的影响最大,其遗传贡献率可占到一半,使用理想的终端父系品种就可显著提高肉羊的生产性能。因此,肉羊终端父系品种的选择是非常重要的。

32. 肉羊生产中为什么要采用杂交技术？

因为在肉羊生产中,杂交是获得最大产出率的手段之一。杂交就是通过基因的重新组合,将原来不在一个群体中的基因集中到一个群体中,使某一个或几个性状得到提高和改进,出现新的高产类型。同时,可使有害基因被掩盖起来。杂种表现出较强的生活力和更高的生产力,即所谓的杂种优势。选择合适的杂交亲本进行杂交,产羔率一般可提高20%～30%,体重提高20%左右,羔羊成活率提高40%左右。据美国农业部专家估计,20世纪70年代羔羊肉生产收入的增加,15%是个体选育的结果,25%是芬兰兰德瑞斯多胎羊的贡献,30%～60%是经济杂交的结果。

33. 什么叫简单杂交？

简单杂交也叫二元杂交,是指两个血缘或性状不同的羊只间的杂交。其公、母羊个体只杂交一代,而不再继续杂交。通常用良种肉羊作父本,当地羊作母本,杂种一代羊表现出较高的生产力和较强的生活力,经过肥育的公、母羔用作商品羊肉生产。绵羊常用萨福克、陶赛特、夏洛莱、杜泊等品种作父本,用小尾寒羊等作母本;山羊用布尔山羊作父本,地方山羊作母本,生产肥羔肉。

34. 什么叫复杂杂交？

复杂杂交是由三个以上品种或品系之间的杂交。商品肉羊常用的复杂杂交是三元杂交,即先用两个品种杂交,生产出繁殖性能方面具有显著杂交优势的母本群体,再用第三个品种作父本与之杂交,以生产商品肉羊。大量的试验证明,肉羊三个品种或四个品种杂交一般比两个品种杂交效果好。仅从羔羊断奶时的体重来看,两个品种杂交羔羊比纯种高13%;三个品种杂交羔羊比纯种高38%；四个品种杂交羔羊比纯种高56%。

35. 绵、山羊能否杂交？

经常有人提出这样的问题：布尔山羊能与小尾寒羊杂交吗？我们的回答是：不能！虽然绵羊和山羊同称为羊，而且在生理上有很多相近或相似之处，但是它们血缘关系较远。在动物分类学上，是同科而不同属的动物，而且染色体数量不同，绵羊有27对染色体，山羊则有30对染色体。由于动物遗传物质里面的染色体在每一个体细胞里都是两套，一套来自父亲，另一套来自母亲。当亲本的染色体数目不一致时，精卵细胞的染色体无法全部联合配对，因此，绵、山羊不能交配产生后代。但绵、山羊嵌合体除在实验室诞生外，也有极其罕见的自然交配产生的。家山羊与野山羊虽然在动物学上属于不同亚属，但能获得有繁殖力的后代。家绵羊与野绵羊之间的远缘杂交也是可行的。

36. 如何选择理想的杂交父、母本品种？

(1) 生产性能 如果采用简单杂交，公羊可在早熟品种中选择。如果进行复杂杂交，第一次杂交，可选择高繁殖力品种，但终端父系品种必须具备早熟、生长发育快等特点。母本首先要选择高繁殖力品种和发情季节长的品种。虽然多胎羔羊生长发育较单羔差些，但一只高繁殖力母羊为社会提供的羊肉总产量必然高于低繁殖力母羊。因此，选择多胎母羊较合算。此外，母本还要考虑产奶性能，因为充足的奶量有利于羔羊前期生长发育。

(2) 适应性 在选择杂交用公羊品种时，应通过查阅资料和现场调查，了解其适应性能，同时还要考虑当地的生态与生产条件是否适合所选择公羊的生存与繁殖要求。

(3) 资源的可利用性 在开展经济杂交时，父系一般采用早熟、生长发育快的引进品种，母本多选择当地品种。这不仅是因为当地品种的母羊能够较好地适应当地的生态条件,而且因为其数量大,资源丰富,可节约购买母本的开支。

(4) **主要经济性状的遗传力** 一般来说,产羔数量、初生体重、断奶体重等性状遗传力较低,近交时退化严重,纯繁选育效果差,杂交效果明显。

(5) **父、母本的遗传差异** 一般来说,亲本遗传基础(基因型)差异越大,杂种优势表现就越明显。

37. 什么叫杂种优势?

杂种优势又叫"杂种活力"。指两个性状不同的亲本(品种或品系)间杂交所产生的杂种一代,在生长势、生活力、繁殖力、适应性以及产品产量和质量等方面超过其双亲的现象。两个不同纯合基因型的亲本杂交,所产生的杂种第一代羊体内可能有某一个亲本的隐性有害基因,但其作用会被另一亲本的等位显性基因所抑制或掩盖。因此,我们通常看到的是表现较好的一代杂种。

38. 杂种羊都能表现出杂种优势吗?

在肉羊生产中,杂交是获得最大产出率的手段之一,通过选择合适的杂交亲本进行杂交,产羔率一般可提高20%～30%,体增重提高20%,羔羊成活率提高40%。但是这并不意味着任何两个品种的杂交都能保证产生杂种优势。由于不同品种(或群体)间的相互作用,既可以相互补充、相互促进,也可以相互抑制、相互抵消。参与杂交的品种在杂交中能否表现出杂种优势取决于它们基因群间相互作用的性质。一般来说,双亲的亲缘关系、生态类型、地理距离和性状上差异越大,其杂种优势越明显;反之,则较弱。科学工作者通过对不同品种之间的杂交组合效应进行测定,筛选出较理想的杂交组合,即所谓的杂交模式。广大养殖场和农户可参考这些模式进行肉羊杂交。

39. 为什么双亲的基因型纯度越高其杂种优势越明显？

因为纯度高的亲本,产生的配子都是同质的,杂种一代是高度一致的杂合基因型,每一个体都能表现较强的杂种优势,而群体又是整齐一致的。如果双亲的纯度不高,基因型是杂合的,势必发生分离,产生多种基因型的配子,其杂种一代必然是多种杂合基因型的混合群体,无论杂种优势还是群体整齐度都会降低。

40. 为什么杂种一代羊之间不宜继续交配？

杂种一代羊相互交配后,由于基因分离,会产生多种基因型的个体,其中,既有杂合基因型个体,也有纯合基因型个体。杂合基因型个体表现杂种优势,而纯合基因型个体的性状趋向双亲,不表现杂种优势。因此,由杂种一代相互交配所生产的杂种二代的杂种优势和整齐度明显低于杂种一代,而利用具有杂种优势的杂种个体间交配来固定杂种优势的做法是不成功的,即杂种优势是很难固定的。另外,如果让杂种一代羊相互交配,一些由隐性基因控制的性状就可能得以表现。这就是商品肉羊一般只利用一代的杂种优势,而不主张杂种羊之间的继续杂交的原因。

41. 怎样估算杂种优势？

对杂种优势的估算方法大家有不同的看法。一种意见认为,最好的度量方法是看杂交一代的某一数量性状表型值能否超过某一亲本的表型值。另一种意见认为,杂种优势最好是通过杂种一代某一数量性状平均表型值和双亲表型值平均值比较来度量。常用的估算公式是:

$$杂种优势率 = \frac{杂交一代性状平均值 - 双亲性状平均值}{双亲性状平均值} \times 100\%$$

42. 哪些因素影响肉羊杂种优势的表现？

肉羊生产性能的表现是遗传基因与环境共同作用的结果，也就是说，营养对杂种优势（基因表达）有较大影响，这种影响可能是直接的，也可能是间接的。一种基因表达可能受多种营养素的调节；一种营养素可调节多种基因的表达，不仅可对其本身代谢途径所涉及的基因表达进行调节，还可影响其他营养素代谢途径所涉及的基因表达；营养素不仅可影响细胞增殖、分化及机体生长发育相关基因的表达，而且还可对致病基因的表达产生重要的调节作用。另外，饲养方法和环境温度对杂种优势的表现也有一定影响。如营养供给不均衡时，基因的选择性表达的转换速度虽然可以提高和加快，但产出的脂肪或肌肉产品却是不理想的。因此，如果希望通过基因的稳定表达而获得理想的动物产品时，就要在满足动物生长、生产所需要的营养的同时，尽可能保持营养供给的连续性与稳定性。

43. 羊按年龄选配的原则是什么？

由于公羊的年龄对后代影响很大，所以选配时要适当考虑交配双方的年龄。一般来说，幼龄羊所生后代具有晚熟、生活力弱、生产性能低及遗传不稳定等特点，壮年羊后代具有机体功能活动旺盛、遗传性比较保守和相对稳定、生活力强、生产性能高和长寿等特点；老龄羊后代具有高度的早熟型，但生产停止也较早，主要器官发育不全，因而早期衰老，生活力差，遗传性也不稳定。因此，为了获得好的后代，公、母羊最好按下列原则选配：①青年公羊配成年母羊；②成年公羊配青年母羊；③成年公羊配成年母羊；④成年公羊配老龄母羊；⑤避免幼龄公、母羊间的交配和年老公、母羊间的交配。

44. 国内肉绵羊常用的杂交模式有哪些?

近年来我国引进了许多良种肉羊品种并将这些肉羊用于杂种肉羊生产。较常见的肉用绵、山羊杂交模式是两品种或三品种杂交。绵羊多用萨福克羊、陶赛特羊、特克赛尔羊或杜泊羊作父本,小尾寒羊作母本。常用的杂交模式是:

模式一:

$$\text{黑头萨福克羊或无角陶赛特羊♂} \times \text{小尾寒羊♀}$$
$$\downarrow$$
$$\text{商品肉羊}$$

模式二:

$$\text{特克赛尔羊♂} \times \text{小尾寒羊♀}$$
$$\downarrow$$
$$\text{黑头萨福克羊♂} \times \text{杂种一代♀}$$
$$\downarrow$$
$$\text{商品肉羊}$$

模式三:

$$\text{陶赛特羊♂} \times \text{小尾寒羊♀}$$
$$\downarrow$$
$$\text{杜泊羊♂} \times \text{杂种一代♀}$$
$$\downarrow$$
$$\text{商品肉羊}$$

45. 国内肉山羊常用的杂交模式有哪些?

肉山羊较理想的杂交模式是布尔山羊与奶山羊杂交,生产中常用布尔山羊与当地山羊杂交,而且杂交效果都比较好。

二、良种羊的选择与利用

模式一：

$$\text{布尔山羊}♂ \times \text{奶山羊（非奶用）}♀$$
$$\downarrow$$
$$\text{商品肉羊}$$

模式二：

$$\text{布尔山羊}♂ \times \text{地方山羊}♀$$
$$\downarrow$$
$$\text{商品肉羊}$$

模式三：

$$\text{奶山羊}♂ \times \text{地方山羊}♀$$
$$\downarrow$$
$$\text{布尔山羊}♂ \times \text{杂种一代}♀$$
$$\downarrow$$
$$\text{商品肉羊}$$

三、羊的繁殖

1. 什么叫繁殖力?

繁殖力是指公、母羊的生殖能力。它包括受配率、繁殖率、受胎率、产羔率、羔羊成活率和繁殖成活率。这些指标受遗传因素和环境条件的影响,对养羊业的生产水平和养殖效益有直接影响。尤其是母羊的繁殖力,是人们在确定经营方式、制定生产计划时必须考虑的因素。

2. 怎样评定羊的繁殖力?

(1)受配率 表示本年度内参加配种的母羊数占群体内适繁母羊数的百分率。主要反映羊群内适繁母羊的发情与配种情况。

$$受配率 = \frac{配种母羊数}{适繁母羊数} \times 100\%$$

(2)繁殖率 指本年度内出生的羔羊数占上年末存栏的适繁母羊数的百分率。反映羊群在一个繁殖年度的增值效率。

$$繁殖率 = \frac{本年度产羔数}{上年度末存栏适繁母羊数} \times 100\%$$

(3)受胎率 指本年度内配种后妊娠母羊数占参加配种的母羊数的百分率。受胎率又分为总受胎率和情期受胎率两种。

①总受胎率 指本年度受胎母羊数占参加配种母羊的百分率。反映配种母羊群受胎母羊的比例。

$$总受胎率 = \frac{受胎母羊数}{配种母羊数} \times 100\%$$

②情期受胎率　指在一定期限(一个情期)内受胎母羊数:占本期内参加配种的发情母羊的百分率。反映母羊发情周期的配种质量。

$$情期受胎率 = \frac{受胎母羊数}{情期配种母羊数} \times 100\%$$

(4)产羔率　指产羔数占产羔母羊的百分率。反映母羊妊娠和产羔情况。

$$产羔率 = \frac{产羔数}{产羔母羊数} \times 100\%$$

(5)羔羊成活率　指本年度内断奶成活的羔羊数占出生羔羊数的百分率。反映羔羊的培育水平。

$$羔羊成活率 = \frac{成活羔羊数}{出生羔羊数} \times 100\%$$

(6)繁殖成活率　指本年度内断奶成活的羔羊数占适龄繁殖母羊数的百分率。反映母羊的繁殖和羔羊的抚育水平。

$$繁殖成活率 = \frac{断奶成活羔羊数}{适繁母羊数} \times 100\%$$

3. 营养不平衡对羊的繁殖性能有哪些影响?

现已查明,10%的家畜繁殖功能障碍是由遗传因素造成的,另外90%是由饲养管理因素造成的。其中饲料的合理搭配非常重要,饲料中含有羊所需要的各种营养物质,包括蛋白质、碳水化合物、脂肪、维生素、矿物质等,哪一项缺乏都会影响羊的健康与繁殖性能。

(1)蛋白质　日粮中蛋白质供给不足会影响青年公羊生殖器

官的发育和精子品质,可使精子活力和射精量下降,密度降低,配种能力降低。蛋白质不足可造成青年母羊卵巢和子宫呈幼稚型,初情期推迟,不发情或发情不明显。妊娠母羊日粮中蛋白质水平太低可直接引起细胞发育受阻和胚胎死亡,还可通过影响羊的生殖内分泌活动而间接影响胚胎发育,出现流产、弱羔、死羔、母羊缺乳、贫血等病症。

(2)碳水化合物　碳水化合物中的葡萄糖是胎儿生长发育、乳腺等代谢的唯一能源,如果供给不足,不仅胎儿发育受阻、母羊缺乳,甚至会出现妊娠毒血症或死亡。

(3)脂肪　脂肪与动物的繁殖也有密切的关系。精子和精液中均含有脂类,大多以磷脂和脂蛋白的形式存在,磷脂是精子细胞膜的成分。如果日粮中严重缺乏脂肪,会影响精子的形成。脂肪是脂溶性维生素的溶剂,日粮中脂肪含量不足就会影响脂溶性维生素的吸收和利用,从而对繁殖产生不良影响。

(4)维生素

①维生素A　母羊体内维生素A缺乏可导致性成熟延迟、卵细胞生长发育困难,虽有少数卵细胞可发育到成熟阶段,并有受精能力,但流产多,产下的羔羊眼瞎或行走不协调,胎衣不下和子宫发炎。公羊缺乏维生素A则影响精子生成,也可使大部分已形成的精子发生死亡。患维生素A缺乏症的羊不易吸收胡萝卜素,羊采食过多的含氮牧草可在体内形成亚硝酸盐和硝酸盐,阻碍胡萝卜素转化为维生素A,这就是羊吃了富含胡萝卜素的牧草后仍患维生素A缺乏症的原因。注射维生素A可防止这种情况发生。

②维生素D　羊缺乏维生素D,除肠道吸收钙、磷减少,血钙、血磷低于正常水平及成骨作用发生障碍外,还抑制母畜发情征候,推迟发情日期。

③维生素E　羊缺乏维生素E,体内氧化过程加快,氧化产物积累增加,对羊繁殖功能产生不良影响。公羊缺乏维生素E,出现

睾丸萎缩，曲细精管不产生精子；母羊缺乏维生素 E，出现受胎率下降、胚胎和胎盘萎缩、流产。大量的研究证明，动物体内维生素 E 和硒有密切的生理学上的联系，它们能预防细胞膜脂氧化，提高生殖细胞的生活能力。在日粮中补充维生素 E 的同时，又补充硒（如亚硒酸钠），其效果比单独补充维生素 E 或硒要好。

(5) 矿物质

①钙和磷　羊的繁殖功能与钙、磷比例关系十分密切。日粮中钙、磷比例为 1.5～2∶1 时效果最好。当钙、磷比例小于 1.5∶1 时，可导致母羊受胎率下降，出现难产和胎衣不下，容易发生子宫和输卵管炎症；钙、磷比例大于 4∶1 时，繁殖性能明显下降，母羊会发生阴道和子宫脱垂、子宫内膜炎、乳房炎、产后轻瘫。钙、磷比例失调还可引起胎儿发育停止、畸形、流产。羊日粮缺磷，往往导致母羊卵巢萎缩、屡配不孕，或发生中途流产，或产下的幼畜生活力很弱。日粮中添加磷制剂可大大改善羊的繁殖功能，提高母羊受胎率和羔羊体增重。据报道，家畜日粮中的磷比实际需要量低 50% 时，不育率就会增加 40%，而加入二磷酸钠后，不育率就会降低 1/2 以上。日粮中磷的含量过高，也会抑制母羊的繁殖功能，如引起卵巢肿大，配种期延长，受胎率下降，这是由于含磷过高造成锰含量不足而引起的。

②钠和钾　钠和钾对羊繁殖功能的影响也较大。在大量施用钾肥的草地上放牧的羊摄入过多的钾，可导致钾、钠比例失调，机体出现缺钠现象。而缺钠常使羊发生机体酸中毒、生殖道黏膜发炎、卵巢功能不全或卵巢囊肿。大量研究证明，钾和钠的适宜比例为 5∶1。当钾、钠比例超过 10∶1 时，会导致母畜受胎率降低。如果饲料中缺钠，可导致母羊子宫收缩迟缓、胎衣滞留、性欲减退、排卵周期延长、卵巢囊肿变性。

③铜和钴　绵、山羊缺铜，可造成母羊不发情或早期胚胎死亡。如果母羊长期在缺铜的草地上放牧，会出现严重贫血、发情期

延长、不育率和羔羊死亡率增加等现象。大量试验证明,缺钴会影响牛、羊的繁殖性能,最突出的表现是受胎率显著下降。缺钴的奶牛,除血液中铜水平降低外,受胎率只能达到50%,如果注射铜制剂,则可使受胎率增加到67%,注射铜制剂同时补充钴元素,受胎率可超过93%。可见钴与铜之间的关系是十分密切的。母羊对缺钴比牛更敏感,常表现为食欲不振,身体消瘦虚弱,不发情或很少发情,受胎率明显降低,泌乳量减少等。

④碘 碘是合成甲状腺素的主要原料,而甲状腺素是保证脑垂体和生殖腺正常功能不可缺少的矿物质。母畜不排卵主要与垂体中促黄体素水平下降和甲状腺活动降低有关。因此,饲料中缺碘,会使母畜出现发情中断、不排卵、胚胎附植困难、流产、胚胎死亡等现象,出生的幼畜表现为体重小而活力差。山地放牧的羊,单靠牧草很难满足碘的需要量,往往出现缺碘症状,如能补喂碘化钾或含碘盐,可恢复母羊内分泌器官的正常分泌功能,减少上述繁殖障碍症状。但碘过量也可引起胎儿发育停止、畸形、流产。

⑤锰 缺锰母羊生殖器官发育迟缓,首次发情时间推迟,卵巢的生长卵泡发育和排卵停滞,受精率下降,胎儿吸收不好,出现流产和早产现象。缺锰山羊发情表现也不明显,虽然有些羊能正常排卵、受精,但受胎率比正常羊低35%～40%,产出的公羔多,母羔少。这可能是由于雌性胎儿对锰的需求量较大,缺锰时雌性胎儿首先死亡;另一方面,缺锰的母羊发情表现不明显,生殖器官分泌的黏液少,不利于体积大、活性差、游动速度慢的X精子受精,而利于体积小、活性强、速度快的Y精子受精,因此,增加了产生雄性后代的机会。

公羊缺锰会发生睾丸萎缩、退化和精子生成障碍。

⑥锌 锌对公羊精液的影响极大。缺锌公羊表现为睾丸发育不良、精液浓度和射精量下降,以至精子生成停止。母羊缺锌时,表现发情紊乱,初情期和产后发情期大大推迟。长期缺锌会导致

卵巢萎缩、功能衰退,胚胎致畸形或死亡。

⑦硒　公羊缺硒,精子的形态结构和功能的完整性会受到影响,从而使精子游向卵子、冲破卵膜的能力降低,无法完成正常的受精过程。缺硒也可造成母羊受胎率下降和胚胎死亡。给母羊补硒,可以防止流产、胚胎死亡、降低不孕症和提高繁殖力。

其他元素(如铁、铬等)缺乏可引起早期胚胎死亡并可致胎儿发育受阻,流产。研究人员发现,当山羊饲料中砷的含量低于35微克/千克(干物质)时,采食量下降10%,约有58%的母山羊发生流产,有时引起羔羊突然死亡。但饲料或饮水中砷、镉、铅、汞过量,也会严重影响雌、雄动物的繁殖性能,可致早期胚胎或胎儿死亡。

4. 种公羊为什么不宜过肥或过瘦?

种公羊过肥或过瘦都会影响其繁殖力。过肥的公羊脂肪沉积过多,自身过重,容易疲劳,性欲较差,影响配种或采精。另外,公羊过度肥胖可引起睾丸生殖细胞变性,产生较多的畸形精子和死精子,没有受精能力。身体过瘦或虚弱的公羊性欲降低,精液数量少,精液品质差,畸形精子增多,精子活力低,更难达到满意的配种或采精效果。

5. 种公羊为什么要在配种前1~1.5个月开始抓膘?

(1)公羊的身体恢复需要较长的过程。必须在配种前1~1.5个月加强饲养管理,逐渐提高饲料营养水平,并进行适当的放牧运动。

(2)配种期公羊必须保持充沛的精力。种公羊在配种期营养和体力消耗很大,如果没有良好的身体条件,就不能保持旺盛的性欲和充沛的精力而完成配种任务。因此,配种前必须恢复体质。

(3)精子的生成需要40~50天。

6. 公羊采精前应做好哪些准备？

公羊采精前应做好下列准备：

(1) 调教好公羊 公羊初次采精比较困难，可选择下列训练措施：①将不会爬跨的公羊与发情母羊圈在一起。②在其他公羊配种或采精时，让被调教公羊站在一旁观看，诱导其爬跨。③每天定时按摩公羊睾丸，每次10～15分钟。④隔日注射丙酸睾丸素1～2毫升，连续注射3次。

(2) 选择好场地 采精场地应选择在平坦不滑、干净卫生、周围无噪声的房舍内。一经选择，便保持相对固定，不要经常变动，因为公羊会因环境陌生而拒绝爬跨、射精。

(3) 准备好台羊 用作采精的台羊，必须是发情母羊，因此在繁殖季节采精，可从母羊群找出发情羊，用作台羊。而在非繁殖季节，需要对用作台羊的母羊进行诱导发情处理，通常是注射廉价的雌二醇。

(4) 准备好器具 凡与精液接触的一切器材和用具均要求清洁、干燥、无菌。经消毒液浸泡过的器具，用前必须先用清水冲洗干净，再用蒸馏水冲洗2～3遍，经自然干燥或干燥箱干燥的器械再根据其材料性能，予以紫外线或高压蒸汽消毒或干烤消毒。

(5) 安装好假阴道 先把假阴道内胎放入外壳，光面向里，粗面向外。将两头反转套在外壳上。固定好的内胎松紧适中、匀称、平整、不起皱褶和扭转。装好后，用洗洁精洗去内胎上的污物，再用清水反复冲洗净，最后用蒸馏水冲洗1～2次，自然干燥。两端加固定圈固定，一端装集精杯。采精前1小时置于紫外线灯下照射消毒或用75％酒精棉球先里后外擦拭消毒内胎。

安装和清洗假阴道时，应注意如下事项：①安装前，检查假阴道外壳有无裂缝或小孔。检查假阴道内胎是否漏气，有无裂损。检查气嘴是否漏气，扭动是否灵活。②根据气候和室内温度变化情况,在假阴道夹层内注入50℃左右的热水150~180毫升。使假阴道内温度保持在38℃~40℃。在假阴道内胎腔的前1/2段涂以润滑剂,装上气嘴,吹入适量空气,使内胎一端中央呈"Y"形或三角形,合拢而不向外鼓。③安装前,操作人员必须剪短指甲,以免损伤内胎。安装好的假阴道应盖上清洁纱布或平置于消毒箱内,勿与硬物碰触。④假阴道不要与硬物一起洗涤,特别是不要与注射用针头接触,以免扎破。

7. 怎样采集精液?

首先将台羊(发情母羊)的颈部固定在采精架上,用0.1%高锰酸钾溶液消毒母羊的外阴部和公羊的包皮周围,再用消毒纱布或毛巾擦干。采精员蹲在台羊右后侧,右手持已准备好的假阴道,气嘴向下,靠在台羊臀部,假阴道与地面呈35°~40°角。当公羊爬跨台羊而阴茎未触及台羊后躯时,用左手轻轻地、迅速地将阴茎导入假阴道内,待公羊射精完毕、阴茎从假阴道中自行脱出后,采精员立即将假阴道直立,筒口向上,打开气嘴放气,取下集精杯,送去镜检。在整个采精过程中要防止假阴道内的水流入精液。

8. 怎样检查精液品质?

肉羊精液品质检查的项目通常包括颜色、射精量、气味、精子密度、精子活力和畸形精子比率等。

(1)颜色 精液采得后应立即观察颜色,正常精液一般为乳白色或浅黄色,通常乳白色精液中的精子密度大于浅黄色精液。除上述两种颜色外,其他颜色均被视为异常,具有异常颜色的精液不能用于输精。

(2)射精量 绵、山羊的射精量一般为0.5~2毫升,可用灭菌针管或输精器吸取测量。如果成年公羊的一次射精量低于0.3毫升,通常精液品质也较差,可视为采精失败。

(3) 气味　正常精液除具有精液特有的腥味外,无其他特殊气味,如有腐臭等异常气味,则不能用于输精。

(4) 精子密度　用显微镜观察:精子相互间的空隙小于一个精子长度,看不到单个精子活动时,为"密";精子与精子间的空隙相当于1～2个精子的长度,能看到单个精子活动时,为"中";精子与精子间空隙超过2个精子长度,视野中只有少量精子时,为"稀"。密度在中等以上的精液才能用于输精。

(5) 精子活力　也叫精子活率,是指在37℃条件下,精液中呈直线前进运动的精子所占的百分率。检查时,用灭菌玻璃棒蘸取1滴精液,置于载玻片上,加盖玻片,在200～600倍显微镜下观察。全部精子都呈直线前进运动则评为1级,90%的精子呈直线前进运动为0.9级,以此类推。原精液稀释后活力在0.4级以下、冻精液解冻后活力在0.3级以下时不能用于输精。

(6) 畸形精子比率　凡是形态不正常的精子均为畸形精子,如精子头部过大或过小、双头、双尾、断裂、尾部弯曲、带原生质滴等。合格精液的精子畸形率不得超过14%。

9. 如何掌握公羊的采精频率?

大量的研究结果表明,公羊在不同采精制度条件下,其采精量和精子密度变化不明显。虽然在连续采精的前两个月,增加采精次数可提高精子的生成水平,但此后就有所下降,且不能使排除的精子总数得到明显提高。很显然,这与利用附睾内储存的精子有关。待这部分储备用尽以后,也就是说,当精子生成水平主要由精子生成强度决定时,增加采精次数就不能使排除的精子总数得到提高。另一方面,每周采精次数较少的公羊性欲较高,而采精次数多的公羊性欲明显较差,而且这种差异随着采精时间的延长而越来越明显。过度或频繁采精会影响公羊的健康和使用年限,严重者在1～2年便失去种羊价值。一般来说,在繁殖季节,成年公羊每周可采精 10~15 次,即每天采精 2~3 次,但 5~6 天后,应当休息 1~2 天。在非繁殖季节,如深冬和仲夏时期,应当让公羊休息。公羊采精后应与母羊分别饲养,以减少精力浪费。

10. 如何实现种公羊的有效利用?

实现种公羊的有效利用,除了提供良好的饲养管理条件外,还应做到:

(1)计划配种 过度配种可导致羊肾功能亏损,体质下降,缩短使用年限,严重过度配种可使一只优秀公羊在一两年内丧失性欲,被迫淘汰。因此,成年公羊日采精或配种次数以 1~2 次为宜,即使在繁殖季节,也不应超过 3 次,而且每周应休息 1~2 天。

(2)严防过早配种 绵、山羊生长到一定年龄,生殖器官已发育完全,并出现第二性征,也具备了繁殖后代的能力,称为性成熟。羊性成熟的年龄因品种、营养、气候和个体发育而不同。一般绵、山羊公羊在 6~10 月龄时性成熟,晚熟品种为 8~10 月龄。性成熟的羊虽然已具备了配种繁殖能力,却不宜过早配种,因为此时它们的身体正处于生长发育阶段,公羊过早配种可导致元气亏损,严重阻碍其生长发育。公羊初配年龄应在 12 月龄左右,正式用于配种应当在 18 月龄以后。

(3)给予中药保健品 对繁殖季节采精或配种次数较多的公羊应服用壮腰健肾丸和六味地黄丸(两种药物配合服用),可连续服用 10~20 天,每天 2 次。

(4)进行适当的运动放牧 种公羊每天早晚两次,放牧运动时间不少于 2 小时。

11. 羊精液为什么要稀释?

(1)可增加容量,以便为更多的母羊配种。
(2)可延长精子的存活时间,提高受胎率。

(3) 可降低附性腺分泌物对精子的危害。因为附性腺分泌物含有大量的氯化钠和氧化钾,这些物质可引起精子膜的膨胀和中和精子表面的电荷。

(4) 可补充精子代谢所需要的养分。

(5) 可缓冲精液中的酸碱度。

(6) 可抑制细菌繁殖,减弱细菌对精子的危害。

12. 常用的羊精液稀释和保存方法有哪些?

精液在不同温度条件下保存用的稀释液不相同,但稀释时,稀释液的温度应与精液温度相同或相近,精液应避光保存,最好置于茶色玻璃瓶内,并在采集后立即进行稀释。稀释液应顺着管壁流入,而不应直接倒入。加入稀释液后应轻轻摇动,严禁强烈振荡,以避免精子死亡。

(1) 室温保存 在没有低温保存条件或者采精后能很快用完的情况下,可采用室温保存法。室温保存应尽量选择凉爽条件,如悬吊在井内、放置在地窖中,尽量避免精子因快速运动、消耗能量而过早衰老、死亡。室温保存时间不能超过 1 天。保存用稀释液可选择 0.9% 氯化钠注射液、维生素 B_{12} 注射液、葡萄糖氯化钠注射液或消毒后的牛(羊)奶。稀释比例根据精子活力和密度决定,对密度中等、精子活力达到 0.7~0.8 的精液,按 1:10 稀释,但对活力在 0.8 以上的精液可按 1:12~15 稀释。

(2) 低温保存 低温保存是指在 2℃~5℃ 的冰箱内保存,保存时间以不超过 2 天为宜,保存用稀释液可选用 A 液、B 液、C 液。

A 液 取葡萄糖 3 克、柠檬酸钠 3 克,加双蒸水至 100 毫升,经过水浴消毒 30 分钟后,放入冰箱保存。用时取该基础液 80 毫升,另加蛋黄 20 毫升、青霉素 10 万单位、链霉素 100 毫克。

B 液 取葡萄糖 3 克、柠檬酸钠 1.4 克,加双蒸水至 100 毫升,经过滤、消毒后,放入冰箱保存。用时取该基础液 50 毫升,另加消毒脱脂羊奶50毫升、青霉素10万单位、链霉素100毫克。

C液 将羊奶煮沸、去脂肪后,装入盐水瓶予以水浴消毒30分钟,然后置于冰箱保存、待用。

需注意的是,精液稀释后,须包上8～12层纱布或者2～3层毛巾,然后再放进2℃～5℃冰箱内,以免精子因迅速降温而死亡。

13. 羊精液冷冻(超低温保存)的意义是什么?

(1)充分发挥优良种公羊的作用。
(2)母羊配种不受地域限制。
(3)可以同时配很多母羊。
(4)可降低饲养公羊的成本。

14. 怎样制作羊冷冻精液?

第一步,消毒器械。凡与精液接触的器械必须先用洗洁精洗涤,再用清水冲洗3～5次,然后用蒸馏水清洗3～5次。玻璃器械采用干燥箱高温消毒,其余器械用高压蒸汽锅或紫外线灯进行消毒。

第二步,配制稀释液。下面介绍两种稀释液的配制方法。

A液 基础液:取葡萄糖3克、柠檬酸钠3克,加双蒸水至100毫升。过滤后,水浴消毒,置2℃～5℃冰箱内保存。稀释时,先配取基础液80毫升,加甘油5毫升、蛋黄20毫升、青霉素和链霉素各5万～10万单位。

B液 基础液:取乳糖4.6克、葡萄糖3.1克、柠檬酸钠1.5克,加双蒸水100毫升。过滤后,水浴消毒,置2℃～5℃冰箱内保存。用时取基础液105毫升,加蛋黄20毫升、甘油5毫升、青霉素和链霉素各5万～10万单位。

第三步,检查精液品质。冷冻用的羊精液要求各项指标正常或良好。活力在0.7以上,精子抗冻性好。

第四步,稀释精液。稀释比例通常为 1∶3~4。稀释方法分一步稀释法和两步稀释法两种。一步稀释法是用含有甘油的稀释液对精液进行一次等温稀释。两步稀释法是先用不含甘油的稀释液进行 1.5~2 倍初步稀释,平衡 1~2 小时后(温度降至 2℃~5℃),再用已经冷却到相同温度的含甘油稀释液进行第二次相同倍数的稀释。

第五步,降温和平衡。冷冻前的精液一般需要逐渐冷却到 2℃~5℃,这个冷却过程也叫精液平衡,即稀释液通过细胞壁渗透入精细胞内,达到细胞内外环境之间物质的平衡。平衡时间以 2~3 小时为宜。

第六步,冷冻精液制作。羊冷冻精液分颗粒、安瓿和细管三种,但常用的是颗粒。颗粒的大小为 0.1 毫升左右。颗粒太大导致里外温度不均匀,太小则影响活力。

羊的冷精颗粒常用氟板法制作:将氟板浸入液氮中预冷数分钟(氟板不沸腾为准)→取出→平放在冷冻器(支架)上(氟板与液氮面的距离保持在 1 厘米左右)→等待液氮完全挥发(温度降至 -90℃~-120℃)→按每颗 0.1 毫升滴冻→冷冻至颗粒发亮→与氟板一同浸入液氮→继续冷冻 1 分钟左右→检查活力→装袋。

15. 怎样解冻冷冻精液?

(1) 解冻液的选择 可选用维生素 B_{12} 注射液或者 2.9% 二水柠檬酸钠溶液。

(2) 颗粒解冻方法

①干解冻 将冷精颗粒直接放入解冻管,在 42℃~45℃ 的温水中水浴溶解至 1/3,提离水面,继续摇动至完全解冻。

②湿解冻 先准备好已消毒的小试管,加入维生素 B_{12} 注射液 0.3 毫升,置于 45℃~50℃ 温水中水浴升温。取冷精两粒,迅速投入已升温的解冻管内,轻轻摇动解冻管,待精液颗粒融化至 1/3 体

积时,提离水面,继续摇动至完全溶解。解冻时注意动作要轻、稳、快,严防水浴用水进入解冻管。

(3)细管解冻方法 将细管浸入 60℃～70℃ 热水中,待精液融化 1/3～1/2 时,移至与室温相近的温水中继续解冻。

(4)解冻精液品质检查与输精 取一滴解冻精液置于显微镜下(在保温箱内)观察活力。解冻活力在 0.3 以上的精液方可用于输精。解冻后的精液应注意保温,避免阳光直射,并应立即输入,不可久置。

16. 怎样确定母羊的最佳输精时间?

母羊的发情表现与膘情、年龄、光照等因素有关。一般来说,在日照逐渐缩短、气温较凉爽的秋季,青壮年母羊发情表现较明显,发情持续期可达 48 小时以上,而老龄羊、瘦弱羊及部分处女羊发情表现不太明显,而且持续时间较短。另外,冬季气温偏低时,羊发情表现也较差。但应强调指出的是:羊个体间表现差异较大,少数羊表现为安静发情。因此在绵、山羊繁殖季节,饲养员应勤观察,每天早晚用试情公羊试情,并根据以下表现做出判断:

(1)行为表现 绵、山羊发情时,常常表现为兴奋不安,对外界刺激较敏感,频频摇尾,按压臀部十字部时,其摇尾现象更为明显。母羊会接受公羊爬跨或主动接近公羊,爬墙或爬栏杆,食欲减退,不时哞叫。

(2)外阴部表现 发情初期,外阴部肿胀、湿润,但颜色较浅,流出较清亮的黏液。到发情中期,外阴部变为潮红色,肿胀更为明显,流出的黏液稠如面汤,此时便可输精。发情结束时,外阴部肿胀逐渐消退,颜色变为紫红色或暗红色,且黏液干结。

(3)阴道内表现 用开膣器打开阴道,可见阴道表面湿润、充血、潮红、黏液较稠,子宫颈口肿胀、开张、有光泽,此时便可输精。如果羊膘情较好,但阴道为浅红色或粉红色、黏液较清亮、子宫颈口肿胀不明显或未开张,可以判定该羊为发情初期,还不宜输精。如果阴道内黏液黏稠结块,子宫颈口肿胀有所消退,颜色变暗,可判定该羊发情即将结束。

17. 怎样给母羊输精?

首先要做好输精前的准备。输精前必须对所用的精液进行镜检,显微镜保温箱的温度应升至35℃。经镜检合格的精液方可用于输精。低温保存的精液应根据需要吸入小瓶内,然后将小瓶放入35℃左右的温水中升温1～2分钟,取出后立即输精。

其次要采取正确的输精方法。先保定母羊。保定者倒骑母羊,两腿夹住母羊颈部,两手提起母羊后肢,使母羊身体纵轴与地面呈45°夹角,便于寻找子宫颈口,准确输精。用新配制的0.1%高锰酸钾溶液,自流式冲洗母羊外阴部,再用消毒纱布或毛巾擦干。输精时,输精员手持消毒好的开膣器,与地面呈30°夹角,采用沿阴道背部先上、后平、再下的方法,插入母羊阴道内,在其前方的上、下、左、右寻找子宫颈口,向子宫颈插入输精器1～2厘米,放松开膣器,推送精液,然后抽出开膣器及输精器。但用过的输精器械先用酒精棉球由前向后擦洗,再用生理盐水纱布擦洗1次。方可用于下次输精。

一般老龄母羊和处女羊发情持续期短,可在发情早期(发情8～12小时)配种,间隔12小时后再配第二次。青壮年羊发情持续期长,可在发情中期(发情24小时左右)配种,间隔12小时后再配第二次。

鲜精输精按每次输入有效精子5 000万个计算输精量,稀释后的精液每次可输0.3～0.5毫升。冷冻精液的输精方法同鲜精,输入剂量一次2粒颗粒或1支细管。

18. 输精时应注意什么问题？

第一，注意卫生。不注意卫生有可能将环境性致病菌带进宫腔，其代谢产物刺激子宫黏膜分泌前列腺素 F_2，使黄体消退，微生物还可能直接使精子、合子和胚胎死亡。

第二，适时输精。不管是老化卵子与新排精子，还是老化卵子与老化精子，新排卵子与老化精子的结合，都会出现胚胎早期退化现象。如果推迟配种，虽然可使接近受精末期的卵子受精，但由于卵子老化，受精的卵子不管能否附植，大多数不能继续正常发育，胚胎被吸收或胎儿发育异常，老化的精子也可导致类似的情况，但由于输入的精液实际上含有成熟状态不同的精子，这种异质性减缓了早输精的不利影响。在这种情况下，未成熟的精子逐渐成熟，确保了排卵时有获能的活动精子。卵子的情况就截然不同。未受精的卵子在排卵后保持受精能力的生命周期较短，很少超过8～10小时。因为精子主要是由稳定的染色质和退化的细胞质组成；而卵子是一个含有各种细胞器的细胞质球，由于细胞核和细胞质中的细胞器缺乏稳定性，排卵后卵子在输卵管里就会发生衰老等问题。

不适时配种的另一种现象是妊娠后误配。由于胎盘产生促性腺激素，部分羊妊娠后仍出现发情表现，如果再次配种往往导致胚胎死亡。

第三，输精动作要轻而快，防止损伤羊阴道和子宫。

19. 为什么要采用人工授精技术？

（1）可以充分发挥优良公羊的作用，迅速提高羊群质量。公羊的一次射精量可以配几只至几十只母羊。

（2）可以节省购买和饲养大量种公羊的费用。

（3）可以减少疾病的传染。

（4）可以解决绵、山羊的异地配种。

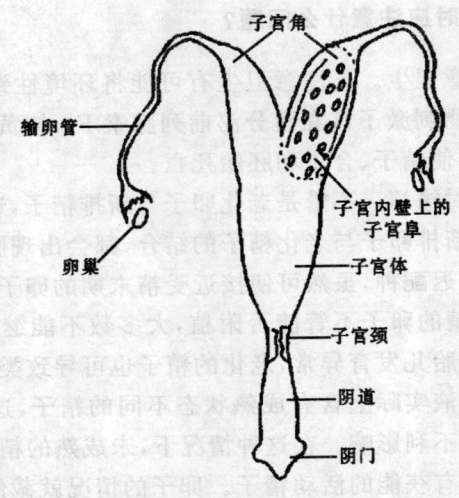

图 3-1 母羊生殖器官结构示意图

20. 哪一种人工授精技术更有效?

人工授精技术分为一般人工授精技术和腹腔镜人工授精技术。前者简单易学,但受胎率较低;应用腹腔镜技术可将精液直接输入子宫角,一只优秀公羊在一个繁殖季节可配 2 000 只母羊,一天最多可配 200 只,受胎率可达到 70%~90%。

21. 哪一种配种方法受胎率高?

一般来说,羊自然交配(本交)的受胎率较高。第一,由于自然交配情况下,进入母羊生殖道的精子数量较多,受孕的机会自然就多;第二,自然交配下,精子未受到外界不利因素的影响,生命力更加顽强,前行速度和受孕机会较多;第三,母羊不会因惊吓、机械损伤等刺激而出现生殖道异常收缩现象,精子会更顺畅地向前运行,直至授精。

22. 母羊在什么情况下不宜采用人工授精技术？

(1)处女羊阴道狭小，不适宜使用开膣器。如果需要采用人工授精技术，必须让有经验的配种员操作。

(2)利用人工授精技术久配不孕的母羊，在治疗好生殖道疾病后可改为自然交配。

23. 性成熟的公、母羊可以配种吗？

性成熟是指绵、山羊生长发育到一定年龄，生殖器官已经发育完全，生殖功能达到了比较成熟的阶段，即母羊表现有周期性的发情和排卵，公羊能产生具有正常授精能力的精子。绵、山羊性成熟受品种、营养水平和气候等因素影响。一般来说，山羊的性成熟比绵羊早，南方羊比北方羊早，在良好营养和气候条件下饲养的羊比营养贫乏或在不良气候条件下饲养的羊早。我国南方农区的大部分山羊品种在4～5月龄性成熟，青山羊在3～4月龄即能发情，奶山羊一般在4～5月龄性成熟。而生活在北方寒冷地区的绒山羊和普通山羊通常在5～6月龄时性成熟。绵羊一般在4～10月龄性成熟，小尾寒羊为5～6月龄，湖羊为4～5月龄，美利奴羊为8～10月龄。而营养不良的绵、山羊性成熟年龄可延迟到1岁以后。绵、山羊刚达到性成熟时，身体并未达到充分发育的程度，如果此时进行配种，会影响其本身的健康和胎儿的发育，因此，公、母羔羊断奶后一定要分群管理，以免过早配种。绵、山羊的初配年龄应根据身体发育情况决定，公羊最好在1.5岁后正式用于配种，母羊应在体重达到成年母羊体重的80%左右，至少在60%以上开始配种。

24. 母羊为什么不宜过早配种？

母羊一般在6～8月龄性成熟，早熟品种4～6月龄性成熟，但由于母羊在妊娠和哺乳期间需要消耗大量营养物质，过早配种不仅影响其本身的生长发育,而且影响胎儿的发育,所产羔羊初生重小、体质弱、死亡率高。因此,发育良好的较早熟品种母羊可在8～10月龄开始配种,晚熟品种可推迟至1～1.5岁。

25. 日粮蛋白质水平过高为什么会影响母羊的受胎率?

蛋白质水平过高时,血清孕酮含量下降,直接影响胚胎的存活。过多的蛋白质可导致体组织中氨、尿素及其他含氮化合物浓度升高。母羊血液中较高的氨和尿素浓度可引起生殖系统中氨和尿素含量升高,从而损害生殖功能,影响内分泌和黄体功能,进一步影响胚胎的存活。氨对卵子和早期胚胎有直接毒害作用。因此,羊日粮中应保持一定的能量水平,控制蛋白质饲料用量。

26. 繁殖母羊为什么不宜过肥?

肥胖对母羊繁殖力有一定危害,主要归因于内分泌障碍。

(1)肥胖可致体内胰岛素增加,使卵巢产生过多的雄激素,抑制排卵。

(2)肥胖动物体内性激素结合蛋白下降,可导致血液雌激素和雄激素非正常增加,从而影响母羊的排卵功能。

(3)过度肥胖会使动物吸收大量类固醇于脂肪中(类固醇激素是脂溶性的),引起外周血液类固醇激素水平下降,降低了性功能。

(4)肥胖会造成卵巢和输卵管等生殖器官的脂肪沉积,卵泡上皮细胞变性。这些因素不但影响卵子的发生、发育、排出以及配子、合子在输卵管的运行,而且会导致雌性动物出现卵巢静止、卵泡闭锁、排卵延迟,因而动物长期不发情或发情异常,严重影响受胎率和繁殖率。

27. 繁殖母羊为什么不宜过瘦?

母羊瘦弱,同样影响羊体内分泌活动,使性腺功能减退,生理功能紊乱。主要表现为不发情、安静发情或超排处理反应差。妊娠母羊在配种前及排卵前后的营养水平对胚胎生存起着关键作用,营养过低会严重妨碍胚胎的生存和生长。提高营养水平可使母羊的排卵数量和产羔数量增加,产羔率可提高10%～20%。母羊在妊娠后期营养严重不足,不仅会影响羔羊初生重和生活力,还会影响胎儿次级毛囊的成熟,这种影响对怀双羔母羊更加明显。因此,在繁殖季节开始前2～3周起,就应加强母羊饲养管理,尤其要注意妊娠后期母羊的营养供给。

28. 何谓种羊的短期优饲？

母羊配种前20～30天,在正常饲养条件下,应适当补饲优质干草和混合精料,补饲多少可根据母羊体况具体确定,以增强母羊体质,使其在短期内体重增加,促进母羊集中发情和多排卵,可以提高双羔率5%～10%,这种饲养方式称为短期优饲,在生产中被广泛应用。

29. 何谓同期发情？同期发情有何意义？

同期发情又称同步发情,就是利用某些外源激素,人为地控制并调整一群母畜发情周期的进程,使之在预定时间内集中发情、排卵,以达到同期配种。其意义在于:

(1) 有利于推广人工授精 人工授精往往由于羊群过于分散(农区)或交通不便(牧区)而受到限制。如果能在短时间内使畜群集中发情,就可以根据预定的日程巡回进行定期配种。

(2) 便于组织生产 同期发情可使母羊的配种和产羔时间相对集中,便于饲养管理和肥育,可节约劳动力及各种费用,有利于羊肉的成批生产。

(3) 可提高繁殖率 同期发情不仅可用于周期性发情的母羊,也能使乏情状态的母羊生殖功能随之得以恢复,出现性周期活动。

因此可以提高繁殖率。

(4) 可保证胚胎移植成功 用于胚胎移植的供体羊和受体羊必须进行同期发情,使其生理状态趋于一致,便于胚胎着床。因此,同期发情是保证胚胎移植成功的重要条件之一。

30. 常用的同期发情处理方法有哪几种?

绵、山羊同期发情处理方法很多,但经过我们多年的试验与筛选,下列两种方法处理效果较好。

方法一:第1天阴道放置孕酮阴道栓(CIDR)或海绵栓,第10天上、下午各肌内注射宁波二厂生产的促卵泡素30单位/只,第11天去栓,同时肌内注射国产氯前列腺烯醇0.1毫克。

方法二:第1天阴道放置孕酮阴道栓或海绵栓,第14天肌内注射肌注孕马血清200单位/只,第15天去栓。

四、羊场建设与圈养设备

1. 舍饲就是圈养吗?

羊属草食家畜,在草地上牧食是它们的本能,但由于生态环境的恶化或人们出于某种需要(如生产肥羔肉),将羊圈起来养,羊的采食方式由主动选择变成被动接受,食物来源也不再是人们常说的"百样草",而是由人们为了满足不同需求所提供的有限饲料,而且它们的活动地域也受到严重限制。如果这些限制完全背离了它们基本的生理特点,繁殖力、生产力、生活力会出现障碍或停止。舍饲的建设与管理需要投入更多的人力、物力,因此,在正常情况下,羊的舍饲成本高于放牧。如果不是出于某种特殊需要,舍饲只是一种无奈的选择,但是如果选择了舍饲,就应当根据羊的基本生理需要,创造适宜的生活环境,给予科学饲养管理,而不应当是纯粹意义上的圈养。

2. 怎样选择羊场场址?

养殖场地是羊重要的外界环境条件之一。理想的场区环境应该是:舍内空气环境条件适宜且可控,有利于各项卫生防疫制度和措施的执行,便于合理地组织生产、提高设备利用率和工作人员的劳动效率。其基本条件是:

(1) 地势高燥 要求地面稍高而平坦,坡度以 10°~30° 为宜,山区也不能超过 25°。地下水位应在 2 米以下,这样,既有利于排水,又可防止地面潮湿。在靠近河流地区,场地至少要高于当地历史洪水的水位线。同时要求场地背风向阳,尽可能减少冬、春季节风雪的侵袭,保持场区小气候的相对稳定。山区建场不要将场地选在山坳或山顶,因为山坳不利于空气流通,容易造成场区空气污染,山顶在冬、春季节风大,影响圈舍保暖。

(2) **地形开阔** 场区的面积应根据所饲养羊的规模、品种、饲料供应情况以及发展计划等因素来决定。场地边角太多或过于狭窄,影响建筑物布局、卫生防疫和生产联系。建筑物约占场地总面积的10%左右,运动场占20%～30%。

(3) **土壤无污染** 建场前应调查了解场地土壤是否被有机物、病原微生物和有害寄生虫污染物污染,以免造成疫病流行。

(4) **土地面积大** 羊场周围有充足的放牧或打草地,特别是肥育肉羊场,必须有自己的饲料基地和充足的饲料来源,并考虑到发展的需要。

(5) **基本设施齐全** 通讯设施应当齐全,电力供给应当充足。交通既要方便,又要与交通要道保持适当的距离,一般来说,距省级公路应不少于300米,以减少疾病传入的机会。

3. 羊场如何布局?

羊场尽量做到建筑物配置紧凑,便于机械化操作,水、电设施齐全而且线路较短,有良好的小气候环境,有利于卫生防疫和管理措施的落实。规范化羊场至少要分生活区、生产区、草料加工区和隔离观察区四部分,由灌木丛将净道与污道隔离开。生活区要处于地势较高的上风处,最好在此可观察到生产区的其他房舍;生产区的羊舍朝向应有利于冬季采光和夏季遮阳;草料加工区最好位于上风区并与生活区和生产区保持一定距离,以便防火、防草料污染;隔离观察区一般位于地势较低的下风处。

生产区内建有公羊舍、种母羊舍、产房、羔羊和青年羊舍、肥育羊舍等。公羊舍应靠近采精室,并与母羊舍保持一定距离;种母羊舍与羔羊舍相邻。各羊舍间有一定距离。病羊隔离室、粪池、尸体坑应与羊舍保持一定距离并处于下风方向。生活区、生产区和隔

四、羊场建设与圈养设备

离观察区四周应建有绿化隔离带。

4. 羊舍建筑的基本要求是什么?

修建羊舍的目的,在于给羊创造一个适宜的生活环境,避免不良气候的影响,便于日常生产管理,达到产品优质高产的目的。因各地的生态环境差别很大,经营管理方法不同,对羊舍的要求也不尽一样,但建羊舍时都必须注意以下几点:

(1)地势应较高,排水通风应良好 羊舍要接近放牧地和水源,若靠近居民点或办公室,羊舍要建在办公室和住房的下风方向,屋角对着冬、春季节的主风方向。

(2)有足够的面积 使羊在舍内不感到拥挤,可以自由活动。羊舍面积过小,羊过于拥挤,会导致舍内潮湿,空气污浊,有碍羊的健康,给饲养管理也带来不便;面积过大,不但造成浪费,也不利于冬季保温。羊舍地面应比舍外地面高出20~30厘米,防止雨水流入。各类羊只所需的圈舍面积见表4-1。

表4-1 各类羊只所需的圈舍面积 （米²/只）

	项 目	种公羊	种母羊		育成羊		哺乳母羊
			空怀	妊娠	断奶后	1周	
绵羊	舍内面积	3~5	1.5~2	2.5~3	1~1.5	1.5~2	2.5~3
	运动场面积	8~10	4~5	5~6	3~4	4~5	5~6
山羊	舍内面积	3~5	1~1.5	2~2.5	0.8~1	1~1.5	2~2.5
	运动场面积	8~10	3~4	4~5	2~3	3~4	4~5

(3)建筑材料要就地取材,以经济耐用为原则 羊舍可采用石头、土坯、砖瓦、木头以及树枝芦苇等作为建筑材料。有条件的地区或重点羊场,应利用砖、石、水泥、木材修筑,这样的羊舍坚固持

久,可大大减少维修费用。

(4) **门、窗大小及位置应合适** 羊舍门宽 1.5～2 米,高 2 米。门若太窄,妊娠羊易因拥挤造成流产。羊舍内应有足够的光线,并保持舍内卫生。窗户的面积一般占羊舍外墙面积的 1/15,窗下框离地面 1.5 米左右。后窗面积不宜过大,离地面的距离比前窗要高,呈竖长方形,便于冬季封闭。

5. 怎样选择羊舍类型?

各地可根据当地的气候特点、饲养方向、建筑材料来源等选择羊舍类型。常见的羊舍类型有:

(1) **封闭式羊舍** 四面有墙,屋顶完整,墙上有窗,舍外一侧或两侧设有运动场。封闭式羊舍高度一般为 3 米左右,长度根据饲养数量和地理位置而定。屋顶有单坡的,也有双坡的。这种羊舍可根据饲槽分为单列式和双列式两种。单列式羊舍跨度一般为 6～7 米,羊群饲养在一侧,走廊在另一侧,舍内空间小,容纳的羊较少,虽然保暖性能较好,但通风换气条件差,夏、秋季节需要打开门窗,冬、春季节也要定时打开门窗换气。北方寒冷地区可选用单列式羊舍。双列式羊舍跨度可达 10～12 米,羊饲养在左右两侧,中间留有 1～1.2 米的走廊。羊舍空间大,可容纳更多的羊,空气流通效果较单列式好,但冬、春季节仍需要及时关上门窗,以提高舍内温度。南方以及较温暖地区的规模化羊场都可修建双列式羊舍。

(2) **半开放式羊舍** 半开放式羊舍通常坐北向南,三面有墙,南面全部敞开或有部分墙体。这种羊舍由于一面无墙或为半截墙,跨度较小,多为单列式,但采光和空气流通较好,具有一定的防寒防暑功能,建筑成本较低。北方地区饲养绒山羊或毛用羊的小型牧场和农户可选择这种羊舍。平顶半开放式羊舍见图 4-1,双坡半开放式羊舍见图 4-2、图 4-3。

四、羊场建设与圈养设备

图 4-1　平顶半开放式羊舍

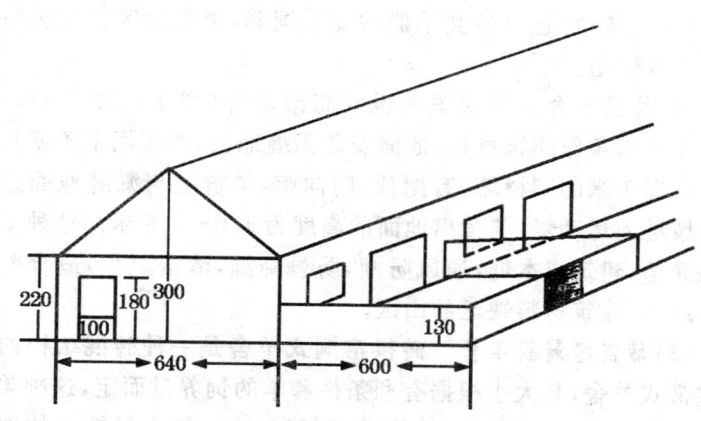

图 4-2　双坡半开放式羊舍示意图　（单位：厘米）

图4-3 双坡半开放式羊舍

(3) 开放式羊舍 开放式羊舍是指四面都无墙的羊舍,其结构简单,造价低廉,通风和采光较好,但保温性能较差。这种结构的羊舍(也叫棚舍)适合各类羊群的夏季饲养,炎热地区和温暖地区全年均可使用。

(4) 楼式羊舍 楼式羊舍也叫高架羊舍(图4-4、图4-5)。多用竹片或木条作建筑材料,地面安装漏缝地板,四周用木条或竹片搭建出高1米的围栏墙,有屋顶,门向南,羊群经与漏缝地面连接的斜坡进入运动场,羊舍离地面的高度为1.0~1.5米。这种羊舍结构简单,建筑成本低,通风防潮,防暑降温,清洁卫生,适合南方多雨地区、建筑材料缺乏的山区。

(5) 砖拱窑洞式羊舍 砖拱窑洞式羊舍是一种砖混结构的半圆拱窑式羊舍,其大小根据有利条件和羊的饲养量而定,这种羊舍具有空气流通、保温防雨、经济适用等特点,一般木材缺乏的地区的小型羊场和农户可以选用。

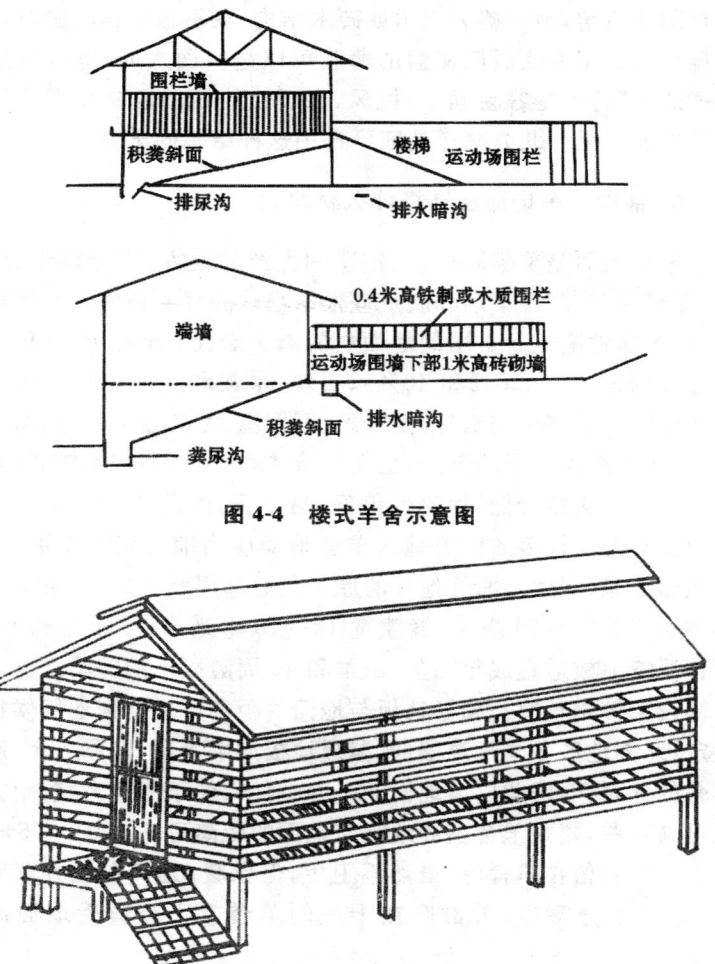

图 4-4 楼式羊舍示意图

图 4-5 楼式羊舍

(6)塑料暖棚羊舍 塑料暖棚一定要建在地势开阔、背风向阳、周围没有遮挡物的地方。棚舍最好建成半棚式,即棚顶一侧用塑料薄膜覆盖,另一侧为土木或砖木结构,在不盖塑料薄膜时呈半敞棚状态。半棚式暖棚覆盖的薄膜可以是斜面式的,也可以是拱圆式的,其特点是容易固定,抗风,保暖性能好。但要注意换气和保持地面干燥。北方寒冷地区可选用这种结构的羊舍。

6. 铺设羊舍地面应选择什么材料?

羊舍地面是羊躺卧休息、排泄和生产的地方,应当以干燥、卫生、保暖为前提,各羊场和农户应根据当地的气候条件和所饲养的绵、山羊品种决定。常用的地面材料有三合土(石灰、碎石和黏土含量分别为10%、20%和40%)、石块、水泥和砖等。石块和水泥地面虽然便于清洁和消毒,但太硬、不保温,尤其在冬季,地面十分冰冷;砖地面利于尿液下渗,也便于清洁和消毒,但成本较高;夯实的三合土地面造价低,保暖性能好,易干燥,因此比较理想。奶山羊舍和降雨量较多的南方地区羊舍地面应当铺设漏缝地板,以保持地面干燥、卫生。漏缝地板的原料最好选用软木条,木条宽32~35毫米,厚35~40毫米,缝隙宽12~15毫米,略小于羊蹄宽度。这种漏缝地板适宜成年绵羊、山羊和10周龄以上的羔羊。羔羊舍可铺设镀锌钢丝网。漏缝地板与地面的距离可根据当地气候特点决定:北方地区冬季气温偏低,漏缝地板如果太高,底风太大,影响羊舍的保暖性,因此以离地面30~50厘米、便于清理为宜;南方地区可高一些,楼式羊舍漏缝地板与地面的距离可达1.0~1.5米。

把羊粪留在羊舍内,虽然不卫生,但保暖,尤其在北方草原地区,冬季十分寒冷,羊群卧在干燥的羊粪上不会遭受地面冰冷之苦。

7. 地面铺设垫草是否可以防潮?

地面铺设垫草看起来很舒服并可以防潮,但垫草应当有所选择。麦秸表面光滑,保暖和防潮效果较好,可以选用;但很多植物副产品容易吸附水分,铺垫后很快变潮湿,尤其在严重潮湿的地面或者夏、秋季节,水分蒸发量较大,垫草容易滋生霉菌,需要经常更换,既费料又费工。羊舍防潮的最好材料是干土,有条件的农户可以给羊舍铺设细干土。

8. 运动场是否需要修建饲槽?

不论是舍饲羊场,还是"放牧+补饲"羊场;不论是北方,还是南方,羊群在舍外活动的时间越长越好,舍外活动不仅可以锻炼体质,晒太阳,而且舍外空间大,空气流通,便于饲喂操作,可以避免羊舍潮湿造成的种种不便,因此运动场应当设置饲槽。饲槽上方需要有能遮风挡雨的棚。当然舍内的饲槽也不能少,在北方地区寒冷的冬季和梅雨季节羊群还需要在舍内饲喂。如果羊群较小,运动场未修建饲槽,可放置草料架。草料架式样很多,有专喂粗饲料的草架,也有精、粗饲料都可饲喂的两用草架(图4-6)。

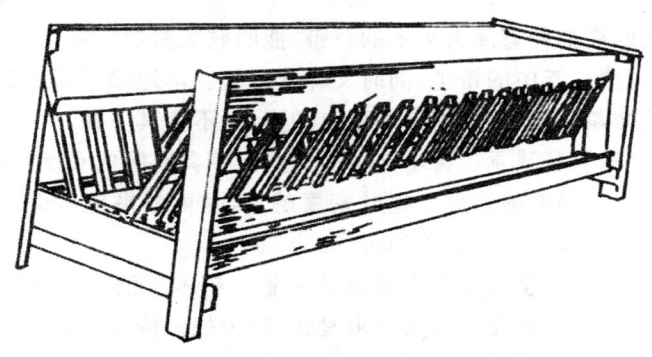

图 4-6 羊两用草架

9. 运动场内还应当配置哪些设备?

(1)盐槽 给羊补盐和其他矿物质时,如果不在室内或混在饲料中饲喂,可在运动场修建一个防止雨淋的盐槽,任羊自由舔食。

(2)水槽 放置清洁饮水,供羊群自由饮用。

(3)分羊栏 制作成可移动的铁栅栏或木栅栏,供分群、鉴定、防疫、驱虫、称重、打号等生产活动使用。

(4)遮荫棚 除开放式和半开放式羊舍外,一般羊场和农户都要在运动场搭建遮荫棚,保证羊群免遭雨淋和暴晒,并可在舍外正常采食。

10. 舍饲羊场为什么需要绿化？绿化应选择哪些树种？

对舍饲羊场进行绿化,有以下好处。

(1)明显改善羊场内的温度、湿度、气流等情况 在夏季,一部分太阳的辐射热量被稠密的树冠所吸收,而树木所吸收的辐射热量,绝大部分又用于蒸腾和光合作用,所以温度的升高并不明显。绿化可以增加空气的湿度,减缓风速。

(2)净化空气 大型羊场空气中的微粒含量往往很高,在羊场及其四周如种有高大树木的林带,能吸收大量的二氧化碳和氨,净化、澄清大气中的粉尘,同时又释放出氧。草地除了可以吸附空气中的微粒外,还可以固定地面上的尘土,不使其飞扬。

(3)减轻噪声 树木与植被等对噪声具有吸收和反射的作用,可以减弱噪声的强度。树叶密度越大,减声效果越显著。因此羊舍周围应栽种树冠较大的树木。

(4)减少空气及水中的细菌含量 树木可使空气中的微粒量大大降低,因而使细菌失去附着物,减少病菌传播的机会。有些树木的花、叶能分泌一种芳香物质,可以杀死细菌、真菌等。

用作羊场绿化的树木不仅要适应当地的水土环境,还要有抗污染、吸有害气体等功能。常见的绿化树种有:泡桐、梧桐、小叶白杨、毛白杨、钻天杨、旱柳、垂柳、槐树、红杏、臭椿、合欢、刺槐、油松、侧柏、雪松、樟树、核桃树等。

五、牧草种植与饲料调制

1. 怎样选择人工牧草？

种植人工牧草时，首先要考虑牧草的品质和丰产性。不同牧草品种的营养价值差异很大。即使同一种牧草中，一年生牧草品质优于多年生牧草。相对而言，早熟品种优于晚熟品种，因为早熟品种通常在低温条件下生长，晚熟品种主要在高温条件下生长。在低温凉爽的环境下，牧草叶、茎可以沉积更多的易消化碳水化合物及蛋白质，从而提高了牧草的营养价值。而在高温条件下，牧草中储存了较多的难以消化的纤维，易消化的碳水化合物储存量较少，这就是晚熟牧草消化率低的原因。在同一种牧草中，即使都属于多年生牧草，不同品种间的差异也很大。如苜蓿，不论从营养价值看，还是从产草量、适口性看，都是任何其他牧草品种不可比的。在众多的青绿饲料或用于晒制的青干草的牧草作物中，苜蓿被称为牧草之王，世界各地的人工牧草基地无一不是以苜蓿为主，但不同苜蓿品种的生产性能和对环境条件的适应性不尽相同。只有选择适应当地生态特点的良种，采用科学的栽培技术和田间管理，才能生产出高产优质的苜蓿牧草。因此，选购牧草种子，最好到专业牧草种子经营单位购买，并详细了解牧草品种、栽培技术以及病虫害防治方法，同时要注意分辨品种介绍是否客观真实，有必要时可先行试种，待证实牧草品种优良后再大面积推广。其次要考虑其是否具有较多的叶片或叶片的枯萎期较迟。一般来说，多叶片牧草更有营养优势，因为叶片的营养价值高于茎秆。叶片枯萎迟的作物秸秆中碳水化合物含量较高。另外，可考虑其籽实中的含氮量，因为籽实中含氮量高的作物秸秆中氮素和蛋白质含量也高，如豆科植物。

2. 羊场或农户应当种植哪些牧草？

种植牧草要考虑当地的自然环境条件。一般来说，舍饲羊场和农户首先考虑种植的牧草是玉米，其次是苜蓿。苜蓿可晒制成青干草，以备冬春季节饲喂。干旱沙漠地区可以考虑种植沙打旺，沙打旺也属于豆科牧草，鲜喂适口性较差，可晒制成青干草，适口性会有所改善。冬春季节气候较温和的地区可以考虑种植黑麦草，以满足春季羊群对青绿饲料的需求；高寒地区可以种植燕麦草。有些农区在夏收后抢种混合草，往往选择高粱、玉米等，但是，羊采食鲜嫩玉米和高粱可导致氢氰酸中毒，如果选择糜子和黑豆混播，生产的牧草既可以青饲，也可以晒制成青干草。

3. 首先考虑的种植饲料作物为什么是玉米？

从玉米秸秆和籽实的营养价值来看，远远低于豆科牧草，也低于一般禾本科作物。但玉米适应强，产量高，籽实和秸秆都可以用作饲料，而且更适合制作青贮饲料，全株玉米制作青贮饲料的效果是任何其他作物都无法达到的。目前用作饲料的玉米品种很多，如墨西哥玉米、科多4号、科多8号等，如果兼顾玉米的营养价值和产草量，选择普通玉米品种更为有利。饲用玉米虽然产草量较高，但籽实产量低，总营养量低于普通玉米，而且水分含量较高，青贮效果差。因此，一般羊场和养羊的农户都选择种植普通玉米。各地可根据当地玉米种植情况，选择产量高、多果穗、保绿期长、营养丰富的品种。

4. 墨西哥玉米有什么特点？

墨西哥玉米又名大刍草，属于一年生草本植物。对土壤要求不严，适应微酸性或微碱性土壤，但喜高肥水环境。生长最适温度为 25℃～35℃,能耐受 40℃高温,不耐霜冻,气温降至 10℃时停止生长,0℃时植株枯黄死亡。在年降水量 800 毫米地区生长良好,株高可达 3～4 米。分蘖力强,每棵可分蘖 20 枝以上。茎秆粗壮、枝叶繁茂、质地松脆,适口性好,是羊的多汁饲料。每年可刈割 2 次以上,每 667 米^2 可产鲜草 1 万～1.5 万千克,主要用于青饲,也可青贮,青饲应在株高 1～1.5 米开花后刈割。墨西哥玉米是否含有某种有毒成分或抗营养成分目前还未见报道,但为了确保安全,最好与其他牧草搭配饲喂。另外,墨西哥玉米鲜草水分含量较高,单独饲喂容易引起羊只腹泻,而且不能满足羊的营养需求,舍饲羊群饲喂时,必须配合其他牧草,并补充一定量的精料补充料。由于水分含量较高,墨西哥玉米单独青贮效果较差,最好与玉米秸秆等含水量低的牧草混合青贮。

5. 苜蓿为什么被称为"牧草之王"?

紫花苜蓿也叫苜蓿、紫苜蓿,属于多年生豆科牧草,是当今世界分布最广的栽培牧草,在我国也有 2000 多年的栽培历史,西北、华北、东北、江淮流域均有栽培。紫花苜蓿是晒制青干草的最好原料,也是一般羊场和养殖户首选种植的牧草。虽然不同品种的抗逆性有一定差异,但均具有其他牧草所不具备的很多优点,因此被人们称为"牧草之王"。

(1) 苜蓿的优点

①**适应性广** 紫花苜蓿喜干燥、温暖、最适气温为 25℃～30℃,在海拔 2 700 米以下、年降水量 250～800 毫米、年平均气温 4℃以上的地区都可生长,但年降水量在 400 毫米以下的地区需要灌溉,降水量超过 1 000 毫米的多雨湿热气候条件对其生长不利。紫花苜蓿喜 pH 值 6～7.5 的中性土壤和富含钙质的土壤。土壤 pH 值以 6.7～7.0 为最好,不适应强酸、强碱和可溶性盐含量在 0.3%以上的土壤。

②产量高　紫花苜蓿的产草量因生长年限和自然条件不同而变化范围很大,播后 2~5 年的苜蓿年可刈割 3 茬。在气候温和、水肥条件较好的环境条件下,每 667 米^2 可产干草 700~800 千克。

③品质优　紫花苜蓿的茎叶中含有丰富的蛋白质、矿物质、多种维生素及胡萝卜素,特别是叶片中含量更高。紫花苜蓿在鲜嫩状态时,叶片重量占全株的 50% 左右,叶片中粗蛋白质含量比茎秆高 1~1.5 倍,粗纤维含量比茎秆少一半以上。在同等面积的土地上,紫花苜蓿的可消化总营养、可消化蛋白质和矿物质含量分别是禾本科牧草的 2 倍、2.5 倍和 6 倍。其干物质中粗蛋白质含量达 15%~26.2%,相当于豆饼的一半,比玉米高 1~2 倍。赖氨酸含量为 1.05%~1.38%,比玉米高 4~5 倍。紫花苜蓿还富含维生素 A、维生素 B、维生素 C、维生素 E、维生素 K 以及类黄酮素、类胡萝卜素、酚型酸等。

④利用年限长　紫花苜蓿寿命可达 30 年之久,田间栽培利用年限多达 7~10 年左右。但其产量在第 2~5 年最高,此后逐年下降。

⑤再生性强　耐刈割。紫花苜蓿再生性很强,刈割后能很快恢复生机,一般一年可刈割 2~4 次。一般在始花期,也就是开花的植株达到 1/10 时开始刈割,最晚不能超过盛花期。

⑥适口性好　紫花苜蓿茎叶柔嫩鲜美,不论青饲还是调制成青干草或草粉,各类畜禽都喜食。

(2)苜蓿的缺点　①含有雌性激素"香豆雌醇",长期大量采食可使处于繁殖年龄段的母畜发生繁殖功能紊乱。②开花前的苜蓿皂角素含量较高,绵、山羊采食后可发生急性瘤胃臌胀,抢救不及时可引起死亡。③鲜苜蓿中含有光敏物质"叶红质",白皮肤绵、山羊采食苜蓿后,叶红质被吸收,循行至皮肤受日光作用,即引起皮肤炎症,奇痒难耐。另外,还引起肝脏解毒功能降低及中枢神经紊乱。④钙、磷比例失调。钙、磷比例为 1∶7～10。因此,羊群饲喂以紫花苜蓿为主的日粮时,应注意磷的补充。

6. 黑麦草有哪些特点？

黑麦草属禾本科植物,在春、秋季节生长繁茂,草质柔嫩多汁,适口性好,有多年生和一年生两种。

多年生黑麦草生长快、分蘖多、能耐牧,是优质的放牧用牧草,也是禾本科牧草中可消化物质产量最高的牧草之一。常与白三叶等豆科牧草混播。每次放牧采食量控制在鲜草总量的 60%～70%,可保证草场不退化。

一年生黑麦草根系发达,分蘖能力强,再生性好,喜温暖、湿润的气候,在温度为 12℃～27℃时生长最快。夏季炎热则生长不良,甚至枯死。北方地区一般在 9 月份播种,第二年 3 月即可收割第一茬,盛夏前可刈割 2～3 次,4 月下旬至 5 月初抽穗开花,6 月上旬种子成熟,地上部结实后植株死亡。秋播黑麦草每 667 米^{2}可产鲜草 5 000～6 000 千克。

多花黑麦草品质优良,含有丰富的蛋白质,茎叶干物质中含蛋白质 13.7%、粗脂肪 3.8%、粗纤维 21.3%,叶丛期黑麦草的茎秆少而叶量多,质量更佳。多花黑麦草适口性较好,各种家畜均喜采食。早期收获叶量丰富,抽穗以后茎秆比重增加。多花黑麦草适于刈割青饲,也可晒制成青干草或直接放牧利用。

7. 鲜白三叶草可以喂羊吗？

白三叶草,又名白车轴草,属于多年生草本植物。茎细长,植株高 30～60 厘米,喜温暖湿润的气候,适应性广,喜水不耐旱。对土壤要求不高,除盐渍化土壤外均能生长,耐酸性土壤,但在 pH 值≥8 的碱性土壤中生长不良或不能生长。白三叶草质地柔嫩,营养丰富,干物质中粗蛋白质含量达 24.7%、粗脂肪 2.7%、粗纤维12.5%、无氮浸出物47.1%、灰分13.0%。适口性较好,可用于饲养牛、羊、兔、猪等家畜。白三叶草再生性好,耐践踏,属放牧型牧草。如果需要刈割喂羊,其适宜的刈割期为开花期,每年可刈割2～4次。值得注意的是,大量采食鲜白三叶草可引起羊瘤胃膨胀病;白三叶草含有雌性激素香豆雌醇,羊群长期采食容易出现不发情或流产现象。因此,人工草地上的白三叶草常常与多年生黑麦草和鸭茅等混合播种。

8. 苏丹草有什么特点？可以喂羊吗？

苏丹草是禾本科高粱属一年生草本植物。原产于非洲的苏丹高原。由于苏丹草耐旱、高产、质优,适宜在气候温暖、干旱的地区种植。在欧洲、北美洲及亚洲大陆栽培广泛。我国在解放前就已经引进。苏丹草根系发达,可入土2.5米。茎秆直立,高2～3米。分蘖多,一般可分蘖15～25枝。其生长迅速,再生能力好,一年可刈割2～3次。在粗放的管理条件下,每667米^{2}可产鲜草1250千克,可用于调制干草、青贮饲料,也可青饲或放牧。但苏丹草为高粱属植物,茎叶中含有氰苷,绵、山羊采食后,氰苷会转化为氢氰酸,易引起羊群中毒。因此,苏丹草最好加工成青贮饲料或晾晒成青干草,鲜喂时应与其他饲料搭配并控制喂量。

9. 草木樨属于优质牧草吗？

草木樨属一年生或二年生草本植物,也是一种优良的绿肥作物和牧草。其鲜草含水分80%左右、氮0.48%～0.66%、磷酸0.13%～0.17%、氧化钾0.44%～0.77%。草木樨中含有一种无毒的香豆素,但在贮藏或调制时被霉菌感染,香豆素就会转变为双香豆素或出血素,而双香豆素能降低血液中的凝血酶原的生成,从而使动物血管通透性增加、凝血作用受阻,出现全身广泛性出血。胃肠道出血,使粪便呈煤焦油色或红色;肠系膜发生血肿可引起腹

五、牧草种植与饲料调制

痛；有的动物可突然出现鼻腔、口腔、尿道、阴道黏膜出血，甚至乳汁中也带有血液。

香豆素的含量因草木樨品种的不同而有所差异，如二年生白花草木樨中香豆素的含量就高于细齿草木樨。白花草木樨第一年在霜降后收割也有利于降低香豆素的含量。

10. 如何预防羊草木樨中毒？

(1) 控制饲喂量 青饲时应与其他饲料掺混饲喂，妊娠母羊和羔羊要少喂。

(2) 浸泡 对双香豆素含量高（50毫克/千克以上）的草木樨原料，饲用前用清水浸泡24小时，可除去84%的香豆素和41%的双香豆素。亦可用1%的石灰水浸泡4～8小时，再用清水冲洗后饲喂。

(3) 喂草木樨干草 草木樨茎叶在风干过程中，香豆素会大量溢失，叶片风干10天，香豆素可减少70%～75%。绵、山羊喂干草木樨比较安全。草木樨调制干草时，不要堆放。刈割的草木樨先在地上暴晒一段时间，然后阴干。草木樨干草不宜打捆贮藏，干草贮存时要防湿防霉，因为水分含量过高时，有利于双香豆素的合成。对因采食草木樨中毒的羊只，可静脉注射葡萄糖和肌内注射维生素 K_3 注射液。

11. 沙打旺属于优质牧草吗？饲喂羊时应注意什么问题？

沙打旺是我国北方地区大力推广种植的优良牧草、绿肥作物之一。属于豆科黄芪属多年生草本植物。根系较发达，入土1～2米，深者可达6米。沙打旺抗逆性强，适应性广，具有抗旱、抗寒、抗风沙、耐瘠薄等特性，且较耐盐碱，不论在年降水量350毫米以上的旱地和肥力较差的沙丘、滩地以及干硬贫瘠的退耕地，还是在土壤pH值为9.5～10.0、含盐量0.3%～0.4%的盐碱地以及在其他牧草不能生长的地方,沙打旺都能生长。已萌发的幼苗,被风沙埋没 3~5 厘米,仍能正常生长。但沙打旺怕潮湿,在低洼易涝地上容易烂根死亡。

风干后的沙打旺粗蛋白质含量为 14%~17%,低于紫花苜蓿。幼嫩植株中粗蛋白质含量高于老化植株,苗期为 13.36%,初花期为 12.29%,盛花期为 12.30%,霜后落叶期的粗蛋白质含量急剧下降至 4.51%,仅为盛花期前的 1/3~1/2。沙打旺的营养价值、适口性、有机物质消化率和消化能均低于紫花苜蓿,而且含有多种脂肪族硝基化合物。这类化合物在畜禽消化道的代谢产物为 3-硝基-1-丙醇和 3-硝基丙酸,经肠道吸收进入血液后,影响中枢神经系统,并转变血红蛋白为高价血红蛋白,使肌体运氧功能受阻,因而引起畜禽急性或慢性中毒。沙打旺青饲由于苦味较重,家畜一般不喜食。晾晒后,有毒成分含量下降,适口性会有所改善。因此,沙打旺一般晒制成青干草喂羊,青贮也可以减少沙打旺的毒性,提高适口性。另外,沙打旺喂羊等反刍动物时,应搭配其他饲草,以提高利用率。

12. 怎样确定牧草刈割时间?

牧草刈割期是影响草场单位面积产量和干草品质的重要因素。适时刈割可在不影响牧草再生和越冬的前提下,获得最多最好的牧草。确定牧草刈割期,要从以下几个方面考虑。

第一,要考虑当年草场产量和干草营养物质含量。一般来说,牧草粗蛋白质含量在生长初期最高,以后逐渐下降。碳水化合物含量则从生长初期到枯黄期不断增加。幼嫩牧草水分含量较多,干物质含量低,但叶量丰富,粗蛋白质、胡萝卜素等含量多,营养价值高。随着牧草的生长,粗纤维的含量则逐渐增加,到开花期,牧草的产量最高,但随后品质逐渐下降,消化率同样随着羊生育期的延续而下降。因此,综合考虑草场单位面积营养物质总收获量,合理的割草期应在牧草的开花期。

第二,要考虑刈割期对牧草当年再生和下年产量的影响。如禾本科草在孕穗-抽穗期叶多茎少,粗纤维含量较低,质地柔软,粗蛋白质、胡萝卜素含量高。此时收割不仅营养价值高,还有利于牧草再生。豆科牧草不同生育期的营养成分的变化比禾本科牧草更为明显,其叶片的营养物质,尤其是蛋白质含量比茎秆高1~2.5倍。因此,不应过晚收割。如苜蓿、沙打旺、草木樨等豆科牧草的最适宜收割期是现蕾至初花期,此时收割总产量最高,而且对下一茬的生长影响不大。燕麦有一定的再生性,春播的青刈燕麦可收割两次,第一次在株高40~50厘米时,第二次根据生长情况贴地刈割。与豆类作物混播的,通常在燕麦孕穗期一次刈割。多花黑麦草的适宜刈割期为抽穗初期,此时茎叶比例约为1∶0.50~0.66。如果推迟到抽穗期,叶片数量相对下降,品质变差。为了再生利用,多花黑麦草刈割时留茬高度以5厘米为宜,否则应贴地刈割。用于青贮的玉米应在乳熟期至蜡熟期刈割。

第三,牧草的刈割期不一定完全根据其生物学特性来确定,有时取决于饲用价值。如植株高大的杂草应在抽穗(现蕾)初期到开花初期刈割;芨芨草、佛子茅等应在抽穗初期收割;芦苇应在生有8~9个叶片时刈割;以针茅为主的牧草应在芒针形成和出现以前刈割;苦味较重的蒿类植物最好在降霜以后,进入结实期刈割。

13. 牧草刈割留茬以多高为宜？

适宜的留茬高度是保证再生牧草正常生长的重要条件之一。留茬高度应考虑牧草的生长点和产草量。由于不同牧草的生长点距离地面的高度不同,留茬高度也不同。留茬过高会影响牧草产量,过低则影响再生草的生长,若割掉生长点和分蘖节会使牧草失去再生能力。一般情况下,紫花苜蓿留茬高度在4~5厘米,百脉根留茬高度在20~30厘米,无芒雀麦、冰草、羊草的留茬高度在

6～8厘米。如果为了再生,多花黑麦草刈割时留茬高度以5厘米为宜,燕麦草留茬4～5厘米,第二次应贴地刈割。

14. 怎样晒制青干草?晒制过程对牧草营养物质有什么影响?

青干草晒制的方法很多,但为了降低成本,通常采用自然干燥法。即将刈割的作物散放在田间并不时地翻动,使其具有多孔的通气层,当水分降至30%左右时,再堆放成垄,予以自然通风干燥。为了加速干燥过程,并使茎秆和叶片均匀干燥,可用机械压扁茎秆。

牧草植物在晒制时,经阳光中紫外线的作用,体内的角固醇转化为维生素D,这种有益的转化,为羊提供了一定量的维生素D。另一方面,牧草在晒制和贮存时,体内的蜡质、挥发油、萜烯等物质经过氧化产生醛类和醇类,使青干草有一种特殊的芳香气味,提高了牧草的适口性。但在干草调制过程中,营养物质会有不同程度的损失,总营养物质可损失20%～30%,可消化蛋白质损失30%左右,维生素损失50%以上。这些损失主要来自以下几个方面。

(1)生理呼吸作用 刚收割的牧草细胞尚未死亡,仍能通过呼吸作用分解牧草的养分以维持其生命。当鲜草内的游离水分被迅速蒸发后,牧草细胞因渗透压的变化而失去生活环境,逐渐衰败死亡,可防止养分的过多损失。如果牧草干燥速度慢,因呼吸而导致干物质营养的损失可高达15%左右。

(2)枝叶脱落 由于植物各部分干燥速度不一致,在搂草、翻草、搬运、堆垛等一系列作业中,叶片、嫩茎、花序等细嫩部分容易折断、脱落而损失。据报道,由此一项引起的损失就可使青干草的饲用平均价值降低30%左右。一般来说,禾本科牧草的叶片生着较牢固,茎中空,叶与茎的干燥速度差不多,在干燥过程中有2%～5%的叶片脱落,养分的损失比豆科牧草相对较少。

(3)酶的作用 青绿饲料在干制过程中,水分因不断蒸发而含量逐渐下降,下降至 40%～50%时,植物细胞濒临死亡,此时呼吸作用停止,但植物体内的酶进一步起着氧化作用,同时,饲料依附的各种微生物产生的酶也参与氧化作用,使糖类进一步分解成二氧化碳(CO_2)和水(H_2O),氨基酸被分解成氨。这一过程一直进行到青草水分减少至 17% 以下,造成的营养损失可达到 5%～10%。

(4) 阳光照射与漂白作用 采用日晒法调制青干草,可以加快干燥速度,但日光可使叶片变黄变白,胡萝卜素损失严重。据报道,日晒超过 1 天,胡萝卜素损失 75%,超过 7 天,损失 96%,几乎损失殆尽。同时,维生素 C 也几乎全部损失。

(5) 雨淋 雨淋可使处在干燥过程中的牧草粗蛋白质损失 40%,能量损失 50%,胡萝卜素损失约为 65%,还有其他一些维生素也会有很大的损失。

干草调制过程越长,其营养成分损失越严重。因此,只有迅速干燥才能减少营养的损失。据报道,茎秆压扁干燥的紫花苜蓿和三叶草比普通干燥的牧草干物质损失减少 2/3～3/4,碳水化合物损失减少 2/3～3/4,粗蛋白质损失减少 3/4～5/6。

15. 作物秸秆可用作羊的主要饲料吗?

不同来源的农作物秸秆营养价值差异很大,虽然有些秸秆(如花生蔓)具有较高的饲用价值,但大多数秸秆营养价值很低,如果贮存不当,就会变得毫无价值,如小麦秸和稻草的粗蛋白质含量仅为 3%～6%,玉米秸秆含粗蛋白质 3.50%、粗脂肪 0.80%、粗纤维 33.40%。秸秆中的矿物质含量均低,最突出的是磷不足,其含量仅为 0.025%～0.16%。秸秆还缺乏反刍动物所必需的维生素 A、维生素 D、维生素 E 等。此外,秸秆大部分成分不能被家畜直接利用,即使是可直接利用部分,其转化效率也很低。这是因为作物秸秆主要是由植物细胞壁组成,细胞壁的基本成分是纤维素、半纤维素及木质素,有些作物秸秆中硅的含量很高。从理论上讲,秸秆的纤维素和半纤维素,连同细胞内容物都可以通过瘤胃微生物作用被羊消化利用,这部分约占作物秸秆干物质中80%以上,但由于细胞壁中纤维素、半纤维素与木质素、硅等以"复合体"的形式存在,实际上羊对这类秸秆的消化率一般只有40%左右。其中秸秆粗纤维中的木质素含量高达45%~80%,动物(包括反刍动物)体内不能合成可分解木质素的酶,因此,不能消化利用木质素;硅主要以二氧化硅的形式存在于秸秆饲料中,影响饲料的水解和消化;小麦秸、稻壳、高粱秸等木质素和硅含量较高,其营养价值更低。由此可见,仅靠这样一些饲用价值较低的作物秸秆养羊,既不能保证羊的正常生存,更谈不上生产性能的正常发挥和生产水平的提高。秸秆应当有选择地利用,并与其他饲料配合利用,而不能作为任何家畜的唯一饲料源,秸秆畜牧业的提法更是不科学的。

16. 怎样选择作物秸秆?

选择农作物秸秆时,应考虑下列因素:

(1)营养物质含量和可消化率　首先应当选择细胞壁薄的秸秆。秸秆可根据其构成和动物瘤胃微生物的利用情况分为细胞内容物和细胞壁两部分。细胞内容物包括可溶性蛋白质、非蛋白氮化物、糖类、淀粉、类脂和矿物质,其降解率可达90%以上。细胞壁是由纤维组成,纤维包括纤维素、半纤维素、果胶、树胶、胶浆和木质素等,其消化率很低。大部分农作物细胞壁成分含量高,细胞内容物含量较低,但不同种类的秸秆或同一种类内的不同品种秸秆的化学组成各不相同,甚至差异很大。动物瘤胃微生物对它们的降解率也不相同。在各类作物秸秆中,花生蔓的细胞壁较薄,蛋白质和糖分含量高,其中粗蛋白质含量达11.2%,干物质瘤胃降解率达77.2%,分别是麦秸的2.5倍和1.5倍。花生叶的粗蛋白质含量高达20%。羊采食1千克花生蔓产生的能量相当于0.6

千克大麦的能量。因此,花生蔓不仅是最好的作物秸秆,也是优质粗饲料资源之一。红薯蔓、绿豆荚、黄豆荚等次之。其次,选择多叶片秸秆。因为作物叶片的营养价值和可消化率通常高于茎秆,如花生蔓。再次,选择籽实中含氮量高的作物秸秆。一般情况下,籽实中氮含量高,其秸秆中氮素和蛋白质含量也高,如豆类植物。最后,选择叶片枯萎迟的作物品种。这类作物秸秆中碳水化合物含量较高,如红薯蔓。

(2) 适口性 羊对饲料的选择不仅取决于本身的经验和生理状态,还取决于饲料的外观、气味、滋味、种类、可选择的范围及营养价值。尤其是山羊,能够选择所需要的饲料种类,防止营养缺乏。因此,质地脆弱、营养价值高、味甜、色绿的花生蔓成为羊最喜食的作物秸秆。红薯蔓和各种豆荚的适口性仅次于花生蔓。

17. 大豆秸秆营养价值高吗?

大豆秸秆的营养价值因品种、生长地域、收获时间、贮存方式而不同,贮存时间越长,营养损失越严重。一般来说,大豆秸秆质地坚硬,木质素的含量较高,据相关人员测定,豆秸酸性不溶木质素含量比玉米秸秆高 66.74%,干物质有效降解率仅为 17.98%,比玉米秸秆低 43.26%。因此,大豆秸秆用作羊饲料,其采食量、营养价值和消化利用率均较低,明显低于玉米秸秆。

18. 棉花秸秆能否用作羊饲料? 其安全性如何?

棉花秸秆用作羊饲料,其适口性、营养价值和利用率都不高。据相关专家测定,棉花秸秆中粗蛋白质含量为 6.5%,半纤维素、纤维素和木质素含量分别达到 10.7%、44.1% 和 15.2%,高于其他农作物秸秆,干物质有效降解率较低,分别为玉米秸秆、稻草和小麦秸秆的 54.1%,67.7% 和 88.3%,而且含有 0.03% 的游离棉酚。棉酚是一种有毒成分,对动物健康有害,虽然瘤胃微生物可以降解棉酚,使其毒性降低,但长期或大量饲喂对羊的健康有一定危害。因此,应谨慎使用棉花秸秆。

19. 油菜秸秆能否用作羊饲料?

油菜秸秆的粗脂肪和粗蛋白质含量虽然高于小麦秸秆、玉米秸秆和大豆秸秆,但由于油菜秸秆的蜡质、硅酸盐和木质素含量较高,细胞壁的结晶度较高,木质素与纤维素之间镶嵌形成坚固的酯键结构,而且具有异味和有毒物质,家畜的采食率和消化率均很低。因此,不能直接用作羊饲料。

20. 树叶可以喂羊吗?

树叶的饲用价值主要取决于树的品种和采集时间。有的树种,如洋槐、桑树、榆树、构树等树叶的蛋白质含量高达20%以上,而且还含有组成蛋白质的18种氨基酸,松针、柳树、杨树、柞树、泡桐等树叶含量次之,杏树、柿树、枣树、李树、苹果树等果树叶的蛋白质含量较低。蛋白质含量高的树叶,动物消化利用率也高,每千克可消化蛋白质达50~60克。相反,果树等树叶的蛋白质含量低,其消化率也低。树叶中维生素含量普遍较高,此外,还含有大量的维生素C、维生素E、维生素D、维生素K和维生素B_1等;有的树叶含有激素,能刺激动物的生长,或含有抑制病原菌的杀菌素等。不过,树叶的单宁含量较高(单宁是一种抗营养成分),绵羊不宜大量饲喂,山羊虽然对单宁有一定耐受性,但这种耐受性也是有限的。因此树叶不宜用作山羊的唯一饲料,而应与其他饲料搭配饲喂。那些具有严重涩味、适口性较差的树叶,如核桃树、山桃树、橡树、李树、柿树、毛白杨等树叶不宜喂羊。

21. 什么时间采集的树叶营养价值高?

用作饲料的树叶应适时采集。桑树叶四季皆可采集;紫穗槐和洋槐叶,北方地区一般在 7 月底至 8 月初采集,最迟不要超过 9 月上旬;松针叶是在春、秋季节,即松针含松脂率较低的时期采集。一般春季采集的嫩鲜叶适口性好,营养价值高,夏季的青叶次之,秋季的落叶最差。如槐树叶春季的粗蛋白质含量为 27.7%,而秋季的只有 19.3%。另外,处于生长期的鲜嫩树叶营养价值高,青落叶次之,而枯黄叶最差。

22. 单宁对羊有什么危害?

单宁是广泛存在于植物体内的一种自身保护物质。一般来说,豆科植物、油菜籽及高粱中单宁含量较高,小麦、白苜蓿、黄苜蓿的含量较低,大多热带豆科牧草、树叶、灌木叶、豆科籽实及其副产品中都含有一定量的单宁。单宁是一种抗营养因子,给羊大量饲喂高单宁饲料,会造成下列不良影响。

(1) **影响羊的采食量** 单宁含量高的饲料适口性都比较差,如富含单宁酸的野生酸膜具有苦涩味,羊不喜欢吃。牧草中的单宁可与口腔中的唾液蛋白结合,产生苦涩味,使羊的采食量下降。另外,单宁可与肠道的外层细胞结合,降低肠壁的通透性,影响胃对饲料的消化速度,延长饲料的排空时间,影响食欲。

(2) **影响营养物质的消化利用** 单宁与饲料中的蛋白质结合成不易消化的分子复合物,使肠道微生物对氮的有效利用率降低,导致饲料中养分的消化率下降;单宁与生物体内的酶结合,使消化酶活性降低,酶活性的抑制会造成营养物质难以被消化,最终使蛋白质在体内的代谢率降低;单宁与钙、铜、铅、锶等金属元素形成络合物,产生沉淀,其结果不仅破坏了机体的内环境平衡,还可能造成一些微量金属元素的流失。另外,单宁与金属离子产生的络合物可能会使动物体内微生物的生长受到抑制,减少瘤胃微生物的数量,降低微生物对硫的利用效率,影响瘤胃的正常发酵功能;单宁与植物细胞表面的碳水化合物(如多糖和纤维素等)结合可形成不易消化的复合物,使细胞壁或细胞膜的通透性降低,导致细胞内营养成分难以被溶解和利用。

对待任何事情都应该一分为二。单宁虽然是一种抗营养因子,日粮中过多的单宁会影响羊的采食量和消化利用率,甚至致羊中毒,但羊摄入适量的单宁还是有一定好处的:①单宁是一种天然的过瘤胃蛋白保护剂,可以抑制瘤胃微生物对饲料蛋白的脱氨作用,减少氮的损失,使氮元素能够进入小肠并被羊体吸收;②可预防瘤胃臌胀病的发生。单宁可与饲料中的水溶性蛋白质结合,降低其水溶性,甚至产生沉淀,从而减少了瘤胃中的泡沫,避免了瘤胃臌胀病的发生;③单宁对羊体内的捻转血矛线虫卵和幼虫有一定抑制作用。

23. 羊会发生单宁中毒吗?

在放牧条件下,羊可根据口感调制采食取向,当牧草中单宁含量超过 2%时(按干物质计算),羊会拒绝采食。因此在放牧条件下,羊群出现单宁中毒的可能性很小。但如果人为地限定饲料供给量或品种,如在舍饲条件下供给单一的高单宁饲料,或者在混合饲料或颗粒料中加入大量高单宁饲料原料,单宁所产生的苦涩味被其他饲料成分所掩盖,使羊在短时间内摄入过多的单宁。单宁在羊瘤胃中被细菌、酶、微生物及酸降解产生多种低分子酚类化合物,其中一部分可被瘤胃壁直接吸收进入血液,当吸收的数量超过机体排毒解毒的能力时,就会引起中毒,出现反刍停止、食欲废绝、便秘、水肿、体温降低等症状。

24. 为什么山羊对单宁有一定耐受性?

山羊能采食大量的灌木枝条,并能很好地消化。这是因为山羊唾液中含有降低单宁毒性的特殊成分,同时山羊瘤胃中含有单宁耐受菌,这种细菌能合成降解单宁的酶,可以把单宁作为能量来源利用，从而解除单宁的毒性作用。但这种耐受性也是有限的，长期在灌木林地放牧的山羊生长速度往往赶不上舍饲羊群和草地放牧羊群。因此山羊需要采食多种牧草以满足其营养需要。绵羊对单宁的耐受性较差，不适合在灌木林地放牧，也不宜大量饲喂富含单宁的饲料。

25. 如何防止羊只摄入过多的单宁？

（1）**限制采食量** 绵羊尽可能不到灌木林地放牧，山羊在灌木林地放牧时间也应有所控制。舍饲羊群更要注意饲料的多样化，避免大量食入高单宁原料。

（2）**碱水浸泡** 据报道，用稀氨溶液浸泡高粱籽实12小时，可显著提高高粱的饲用价值。用苏打水浸泡高粱籽实，可使单宁含量降低57%，使淀粉和蛋白质的消化率都得到提高。

（3）**加入结合剂** 在富含单宁的树叶中加入聚乙烯基吡咯烷酮或聚乙二醇，使单宁不能与蛋白质结合。

（4）**机械脱皮** 高粱和花生等籽实种皮中单宁含量较高，利用机械加工法脱去种皮，可去除大部分单宁。

（5）**蒸煮处理** 对籽实类饲料进行蒸煮处理可以去除其中大部分单宁。

26. 尿素能喂羊吗？怎样饲喂？

纯尿素的含氮量为46%，一般商品尿素的含氮量为45%。每克尿素相当于2.8克粗蛋白质，或者相当于7克豆饼的粗蛋白质含量。适量的尿素可以取代牛、羊饲料中的蛋白质饲料，不仅可以降低饲料成本，而且还能提高生产力。在牛、羊饲料中添加尿素的作用机制是：瘤胃细菌能产生活性很强的脲酶，当尿素进入瘤胃后，很快被脲酶水解为氨和二氧化碳。尿素水解后的氨与饲料蛋白质产生的氨，均可用于合成微生物菌体蛋白。微生物蛋白质在真胃和小肠内,经酶的作用,转化为游离氨基酸,在小肠被吸收利用。

各地可根据具体条件采取不同的饲喂方法:①与精料混合饲喂。在精料中加入1.5%~2%尿素,搅拌均匀后直接饲喂。②以舔砖形式饲喂。将尿素与食盐、糖蜜、微量元素等按一定比例混合后加工成舔食砖供羊舔食。③加在青贮饲料中饲喂。在饲料青贮时,均匀加入0.5%~0.6%尿素。

瘤胃微生物对尿素的利用有个适应过程,持续使用才能有理想的效果,如果因故中断,再喂时仍需由少到多逐渐过渡。尿素与高碳水化合物精料(如糖蜜、玉米粉等)配合,饲喂效果较好。日粮中添加适量的硫、磷,也可提高尿素的利用率。但大量饲喂青草时不宜喂尿素。试验证明,饲料粗蛋白质含量在11%以下时,尿素在瘤胃中的利用率可达70%左右。当饲料粗蛋白质含量达到12%以上时,加喂尿素对提高体重没有明显作用。青绿饲料中,所含营养物质较全面,粗蛋白质含量一般在12%~20%,利用率也可达70%以上。因此,在以青绿饲料为主的夏、秋季节,如果再加喂尿素,一般收不到理想的效果。

27. 苹果渣可以喂羊吗?

烘干的苹果渣适口性好,蛋白质含量可达到6%,接近一般禾本科青干草,可用作羊饲料。苹果渣可以采用青贮方式常年饲喂,但青贮后的苹果渣酸度较大,最好与其他草混合饲喂或者饲喂时加入一定量的石灰乳予以中和。

28. 沙棘果渣可以喂羊吗?

沙棘果渣是沙棘果核提取沙棘油后的残渣,其营养价值可与苜蓿青干草相媲美,粗蛋白质含量高达18.34%,脂肪达12.36%,并含有丰富的维生素和锰、镁、铜、钛、钠等金属元素,而且适口性较好,具有特殊的清香味,是较好的羊饲料。

29. 甜菜渣可以喂羊吗？

甜菜渣营养价值不高,缺乏维生素。由于水分含量高,夏天可以鲜喂,但含有甜菜碱(一种有毒成分),应控制用量,并与其他饲料搭配饲喂。甜菜渣可与干秸秆混合后青贮。

30. 粉渣可以喂羊吗？

粉渣是制作粉条和淀粉的副产品。其质量差异很大,玉米、土豆、甘薯等粉渣所含营养主要是淀粉和粗纤维,粗蛋白质极少。用豌豆、绿豆、蚕豆作原料生产的粉渣中蛋白质含量较高,质量也较好。制药厂的玉米淀粉渣因用亚硫酸液处理过,有一定的毒性,不能喂动物。粉渣夏天易腐败,吃了容易中毒,因此,尽可能使用鲜渣并与其他饲料搭配饲用。同时还要控制用量。

31. 白酒糟可以喂羊吗？

白酒糟的饲用价值受酿酒原料、填充辅料的种类与质量、发酵工艺、生产季节等因素的影响。白酒糟不含胡萝卜素和维生素 D,而且缺钙,其干物质中的粗蛋白质含量一般在 13% 左右,粗纤维含量高于 18%,因此归属于粗饲料。由于白酒生产原料中掺入 40%～50% 稻壳,消化率较低。鲜酒糟的水分含量都在 60% 以上,而且残存有较多的游离乳酸、醋酸等,容易腐败变质,引起动物霉菌中毒或诱发其他疾病,因此,用作羊饲料,最好经过干燥处理,而且与其他优质饲料搭配,鲜喂时,一定要控制用量。白酒糟中残留的乙醇对胎儿及雄性功能有不利影响,只适合喂非繁殖羊。羊群如果长期饲喂白酒糟,应注意补充食盐、小苏打、钙、磷以及铁、铜、锌、锰、硒等矿物元素,并注意补充维生素 A、维生素 D 和维生素 E。羊群饲喂白酒糟后如果出现腹泻,应及时调整饲喂量和日粮中搭配的比例或停喂。

32. 啤酒糟喂羊应注意什么问题？

啤酒糟中粗蛋白质含量虽然丰富,但钙、磷含量低且比例不合适。因此,饲喂时应注意补充钙、磷,鲜渣喂奶羊,可代替部分精料或优质干草,但容易变质,最好烘干饲喂。

33. 酱油渣喂羊应注意什么问题？

虽然酱油渣的蛋白质和脂肪含量较高,但含有7%～8%的食盐,应谨慎使用,否则可引起羊食盐中毒。

34. 豆腐渣喂羊应注意什么问题？

豆腐渣适口性好,干物质中粗蛋白质和粗脂肪含量较高,但蛋氨酸含量低,维生素几乎保留在豆浆中,渣中含量极微。新鲜豆腐渣含水量高,易酸败变质。因此,宜鲜喂,同时要控制用量。

35. 羊吃什么就可以喂什么吗？

羊天生具有对特定饲料产生喜好和厌恶的特性(如食草行为),这是由其遗传及身体生理结构决定的。但羊也可从过去的采食经历或通过人为的训练,而对饲料产生喜好或厌恶。因为它们是通过感觉器官来判断饲料,可能将饲料的适口性或风味(滋味和香味的总和)与某些不适(如胃肠道不适)或愉快的感觉联系在一起,产生"厌恶"或"喜好",从而改变其采食行为。当羊对某种风味产生"厌恶"后,就几乎不采食带有这种风味的饲料。由此可见,羊对某种风味的"厌恶"或"喜好"取决于与该风味相关的饲料被采食后的效果。与成年羊相比,羔羊更容易接受某种风味。另一方面,羊的许多行为习性都会随着环境条件的变化而变化,即具有较大的可塑性。如长期放牧的羊,经过一段时间的舍饲后,再回到草场上,就不会啃食牧草,需要1～2周的训练才能恢复。在饲喂青贮饲料的初期,都不愿意接受,但经过1～2周的诱导训练,可逐渐适应而不再拒绝。当然,羊对饲料的选择能力是非常有限的,特别是在舍饲条件下,人们给予它们的可选择机会很少,只能是喂什么,吃什么。在饥饿无助或严重缺乏某种营养素的条件下,它们还会强迫自己采食它们并不喜欢的食物或异物,如羊毛、泥土、瓦砾等。另外,羊通常贪食精饲料,如果对它们的采食量不进行人为控制,就会发生消化不良或酸中毒,甚至死亡。

36. 羊的饲料是否应当粉碎?

一般来说,羊更喜欢采食压扁或粉碎的饲料。压扁和粉碎饲料也更容易消化吸收,因为一粒饲料粉碎后,其表面积会增大,表面积越大,与消化酶的接触越密切,越利于消化吸收。有些整粒籽实还有一层硬壳,消化酶几乎不能分解这类东西,随粪便排出体外后仍能在适宜的条件下发芽、生根,对于这类饲料原料必须粉碎。但粉碎是相对的,不是越细越好。籽实饲料粉得过细可引起消化道疾病;粗饲料粉碎后,过瘤胃速度加快,其营养成分不能被羊充分消化吸收,在一定程度上,造成饲料营养的浪费。因此,用于饲喂绵、山羊的精饲料应当粉碎,但不宜过细。粗饲料以切至2～3厘米为宜。

37. 霉变饲料为什么不能喂羊?

霉变饲料适口性差,饲用价值低,而且霉味越大,颜色变化越明显,营养损失越多。严重霉变的饲料可引起羊急性、慢性或蓄积性中毒,也可引起肺炎、肝硬化甚至死亡。因此,应禁止饲喂严重霉变饲料并注意防止饲料发生霉变。饲料贮存应以原粮形式为主,尽量缩短粉料贮存时间。饲料房应建在高燥处,并在彻底干燥后再用于贮存饲料。

38. 发酵饲料喂羊有什么好处？

大量研究已经证明：用乳酸菌、枯草杆菌、放线菌、酵母菌等多种有益菌发酵的饲料 pH 值降低，对饲料有酸化作用，能激活与蛋白质和碳水化合物代谢有关的酶，从而提高饲料中的粗蛋白质的利用率。饲料的 pH 值直接影响胃肠道的 pH 值，胃肠道的 pH 值会影响诸如胰蛋白酶、糜蛋白酶、羧肽酶、淀粉酶、脂肪酶、麦芽糖酶和乳糖酶的功能，进而影响日粮总的消化率。酸化可以阻止大肠杆菌等有害微生物的生长和繁殖，刺激有益菌的生长，还可以补充胃中的限制性脂肪酸，对能量代谢产生有利影响；有机酸能促进钙、磷等矿物质的吸收。因此，饲喂发酵饲料，首先有利于羊只健康生长，提高饲料转化率；其次，发酵饲料中酵母活细胞或酵母中的某些微生物生长促进因子对瘤胃微生物作用，促进了瘤胃内纤维分解菌、乳酸菌等有益微生物的生长繁殖，加强了羊体对饲料中粗纤维的降解能力；再次，酵母细胞能与胃肠中的毒素和某些病原菌结合，并刺激动物机体的免疫功能，增强羊机体的抗病力。

39. 氨化饲料可以喂羊吗？

氨化的主要原料是氨水、尿素、碳酸氢铵、硫酸铵等，处理的对象主要是营养价值差（含糖量低于 5%）、消化降解率低的稻秆和麦秸。由于氨源具有弱碱性，能打断植物细胞壁中纤维素、半纤维素与木质素之间连接的酯键，增加纤维之间的空隙度，使细胞壁膨胀、疏松，增大瘤胃微生物附着的面积，反而提高纤维降解率。但氨化饲料存在着一定缺点：①适口性较差，羊不喜食。②成本大，效益差。制作氨化饲料所用的氨源约有 2/3 在饲喂动物后被白白浪费掉。因此，羊饲喂氨化秸秆所获得的经济效益与氨化成本呈负相关。③可引起羊中毒。家畜饲喂氨化秸秆饲料可引起发狂病。虽然采食氨化干草的母羊不会出现中毒症状，但所产的奶对羔羊有害。肉、奶中存在的这种毒素对人体健康可能具有潜在性的威胁。④饲喂氨化饲料的牛、羊生产出的肉、奶有异味。⑤具有安全隐患。当饲料或放置氨化饲料的空间氨浓度积累到15%~28%时,遇火星即可爆炸。鉴于以上原因,我们不提倡用氨化饲料喂羊。

40. 什么是饲料青贮？

青贮是利用微生物的发酵作用,达到长期保存青绿饲料营养特性的一种方法。即将新鲜植物紧实地堆积在不透气的容器中,通过微生物(主要是乳酸菌)的厌氧发酵,使原料中所含的糖分转化为有机酸(主要是乳酸),当乳酸在青贮原料中积累到一定浓度时,就能抑制其他微生物活动,并制止原料中的养分被微生物分解破坏,而使其得到很好的保存。乳酸在发酵过程中产生大量热能,当青贮原料温度上升至50℃时,乳酸菌停止活动,也意味着发酵结束。由于青贮原料是在密闭且微生物停止活动的条件下贮存的,因此可以长期保存不变质。

41. 青贮饲料有哪些特点？

(1)具有酸香味,柔软多汁,能刺激食欲、消化液分泌和胃肠蠕动,增强消化功能,促进精饲料和粗饲料中营养物质的利用,提高秸秆的消化率和适口性。

(2)在密封条件下,青贮饲料可长期保存。主要用作冬、春枯草季节羊的补充青绿饲料。

(3)青贮饲料如果保存好,就不会受到风吹、日晒和雨淋的影响,避免了火灾,是一种经济、安全贮存秸秆的方法。

(4)秸秆青贮后,所含的病菌、虫卵和杂草种子失去活力,可减少生物对环境的危害。

42. 怎样加工青贮饲料?

青贮饲料的加工过程大致可分为容器的选择和建造、原料准备、装料和密封四个步骤。

(1)容器的选择和建造 人们通常根据青贮原料的品种、数量和地势条件等选择青贮容器的种类和容量。青贮容器有青贮窖、青贮塔、青贮袋等。一般来说,青贮塔青贮效果好,浪费少,但建筑成本较高,通常见于大型羊场;青贮袋饲喂和运输较方便,但需要专门的填充设备,生产成本较高;青贮窖较经济适用,一般养殖者均可建造。青贮窖又分为地上、地下(图5-1)、半地下(图5-2)等。在地下水位低且土质较好的地方,可建地下青贮窖,深度以2～3米为宜;在地下水位较高的地方,可建半地下青贮窖,地下部分一般为2米左右,地上部分为1～1.5米,窖底应比地下水位高出0.5米以上;在不宜挖地下窖或雨水较多的地方可修成地上青贮窖,其高度以方便操作为宜。

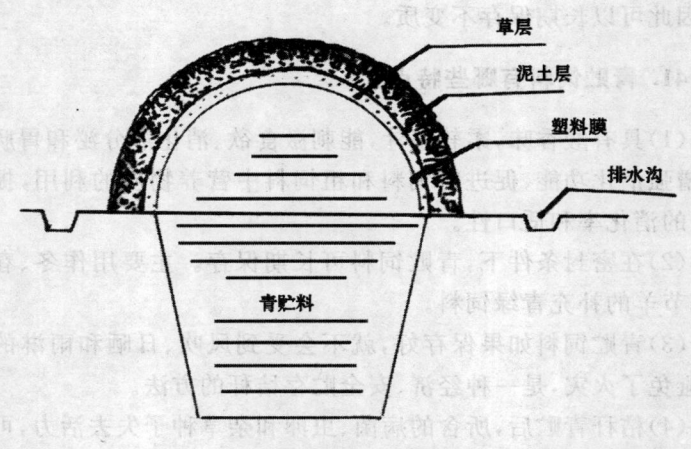

图5-1 地下青贮窖

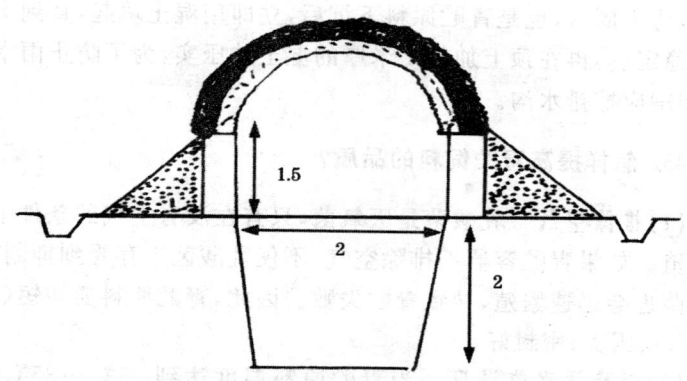

图 5-2 半地下青贮窖 （单位：米）

建造青贮窖的基本要求是：①地处高燥，土质坚实，窖底离地下水位需达 0.5 米以上。②窖的形状以长方形较佳，要求窖壁光滑，窖口上大下小，适当倾斜，四角应呈圆弧形，窖底平整但有一定坡度。③建筑材料最好选择砖混结构，没条件的地方可选择土窖铺垫塑料薄膜的办法，需要注意的是，青贮原料不能与土墙壁接触。

(2) 原料准备 适时收割是保证青贮原料质量最主要的因素之一。选择收割时间，不仅要考虑单位面积营养物质收获量的多少，而且要考虑到糖分和水分是否合适，具体要求可参考本章第 12 问。收割好的原料应当及时运到青贮现场予以青贮，因为原料在田间放置太久，不仅营养受到一定程度损失，而且易感染杂菌而发霉。

(3) 装料 装料前，先在窖底铺垫 10 厘米厚的麦秸。装料时，要边装边压，每装 10~20 厘米厚，就必须压一次，特别要压紧窖的边缘和四角。较大的青贮窖还可用拖拉机碾压。

(4) 密封 当青贮原料装填到高出窖面 1 米后，在上面盖上塑料薄膜或 15~30 厘米厚的麦秸，压紧，然后在上面压一层干净的湿土,待1周后,也是青贮原料下沉后,立即用湿土填起,直到下沉情况稳定后,再在顶上加约1米厚的湿土并压实,为了防止雨水浸入,周围应挖排水沟。

43. 怎样提高青贮饲料的品质?

(1) 排除空气 乳酸菌是厌氧菌,只有在没有空气的条件下才能繁殖。如果青贮容器不排除空气,不仅乳酸菌生存受到抑制,喜氧霉菌也会迅速繁殖,导致青贮失败。因此,青贮原料要切短(3~5厘米)、压实、密封好。

(2) 创造适宜的温度 当青贮原料温度达到25℃~35℃时,乳酸菌就能大量繁殖,很快占主导地位,致使其他一切杂菌都无法活动繁殖。温度过高时,例如在50℃,丁酸菌活跃,会导致青贮原料腐败。因此在青贮饲料时,应注意选择适宜的季节或天气。气温过低,乳酸菌不能正常繁殖,也达不到青贮的效果。

(3) 尽量缩短铡草和装窖的时间 铡碎的青贮原料堆放半天,就会大量产热,既损失养分,又影响质量。因此青贮过程中应快割、快铡、快装窖。

(4) 掌握适宜的含水量 一般认为,青贮原料的适宜含水量为65%~75%。水分不足,青贮原料不易压实,空气不易排除,植物体糖分也不容易渗出来,这种条件不利于厌氧的乳酸菌繁殖,相反,喜氧杂菌会猖獗;水分过多,青贮原料中的汁液会受压流失,使原料粘结成块,降低乳酸浓度,产生挥发性酪酸和氨,使青贮饲料变臭。

测定青贮原料水分含量的简易办法是,用手捏青贮原料,以指间水湿不滴水为宜,若原料含水量过高,可适当晾晒;含水量过低,可少量加水拌匀后青贮。

青贮料水分的掌握,应视原料质地而定。如玉米秆、高粱秆等质地粗硬、不易压实的原料,水分含量应高一些。质地柔软的原料,如薯蔓、糜草、树叶、天然牧草等,水分含量应低一些。

(5)青贮原料必须含有一定量的糖分 用于青贮的饲料原料含糖量不应低于1%,因为乳酸主要由糖分转化而来,糖分过高,饲料会过酸;糖分过低,乳酸菌繁殖缓慢,则饲料不易青贮而容易腐败。玉米秸秆是理想的青贮原料,尤其是乳熟后至蜡熟期的带棒玉米最为理想。另外,苹果渣青贮效果也很好。容易青贮的饲料还有高粱秸秆、饲用甘蓝、菊芋等。较难青贮的饲料是含糖量较低的苜蓿、红豆草、草木樨等豆科牧草。豆科牧草最好在盛花期收割,并以1:2的比例掺入禾本科牧草或青玉米秆进行青贮。

44. 怎样鉴定青贮饲料?

通常人们主要通过捏、看、闻等感官评价来确定青贮饲料是否霉变或过酸,是否可用作饲料。对已经发霉的低劣青贮饲料应视为垃圾,坚决不能喂动物。青贮饲料感官鉴定标准见表5-1。

表5-1 青贮饲料感官鉴定标准

等级	颜色	气味	酸味	结构
优良	绿色或黄绿色,接近原色,有光泽	很浓的芳香酒酸味	浓	湿润,紧密,捏成团后会逐渐散开
中等	黄褐色或暗绿色	酒香味很淡或有刺鼻酸味	强烈	水分稍多,捏成团后不易散开
低劣	黑色、深褐色,生有白霉	有特殊臭味或霉味	无	腐烂、污泥状,黏滑或结块、无结构

45. 怎样利用青贮饲料?

(1)开窖使用不宜过早,要在青贮后40~60天,待饲料发酵成熟,产生足够的乳酸,并具备抗有害细菌和霉菌的能力后才能启用。

(2)开窖时,应从一端开始,分段取用。首先揭去上面覆盖的土、草和霉变层。由上而下垂直切取。每日取用后,要用塑料薄膜覆盖好取用部位。

(3)用青贮料饲喂羊,初期不宜多喂,可搅拌精料一起喂,以后逐渐增加饲喂量,成年羊的日饲喂量为1~2千克,应分2~3次饲喂完。由于青贮饲料含有大量的有机酸,具有轻泻作用,因此,患有肠炎、腹泻的羊和妊娠后期的母羊应少喂或停喂,尤其是临产前半个月的妊娠母羊一定要停喂。饲喂青贮饲料的羊精饲料中应添加1%~2%碳酸氢钠,以防止酸中毒。羔羊因瘤胃功能不健全,应少喂或慎喂。如果青贮料的酸度过大,可用5%~10%的石灰乳中和后再饲喂。

(4)严禁饲喂霉变青贮饲料。如果发现羊在饲喂青贮饲料后出现腹泻的现象,就应立即检查青贮饲料是否发霉或感染其他病菌。如果发现霉变,应立即停止饲喂。

(5)严禁青贮饲料的二次发酵。二次发酵又叫好氧性腐败。在温暖季节开启青贮窖后,空气随之进入,好氧性微生物开始大量繁殖。青贮饲料中养分遭受大量损失,出现好氧性腐败,产生大量的热。为避免二次发酵所造成的损失,可采取以下技术措施:①适时收割青贮原料。用作青贮的原料最好在降霜前收割,收割后立即下窖贮存。如果霜前收割,霜后青贮,乳酸发酵就会受到抑制,青贮中总酸量减少,开启窖后易发生二次发酵。②计算青贮料日需要量,合理安排日取出量。修建青贮设施时,应减少青贮窖的体积,或用塑料薄膜将大窖分隔成若干小区,分区取料。

46. 青贮过程中营养物质会流失吗?

对青饲料若按要求进行加工、贮存、提取,其营养成分的损失一般不超过15%,富含营养的叶片损失少,尤其是粗蛋白质和胡萝卜素的损失很少。青贮饲料的能量、粗蛋白质消化率高于同类风干草产品。

正常青贮时,青贮原料中的可溶性碳水化合物大部分转化成乳酸、乙酸和琥珀酸以及醇类等,其中主要为乳酸,同时放出少量热量。碳水化合物、蛋白质和氨基酸分解生成丁酸、胺、氨和二氧化碳等。纤维素保持不变,脂肪变化不大。青贮饲料中蛋白质的变化与pH值的高低密切相关,当pH值小于4.4时,蛋白质损失极少,当pH值大于4.4时,蛋白质损失较多。

47. 青贮是否可以降低牧草中的有毒成分?

很多牧草所含的生物碱都会对羊的健康造成危害,而牧草在青贮过程中会产生大量的有机酸与这些生物碱发生反应,降低其毒性。有机酸可与沙打旺中所含的3-硝基丙酸起酯化作用,也可使苜蓿中所含的皂苷分解成寡糖和甾体化合物或三萜类,降低皂苷的含量,从而达到降低这类牧草毒性的效果。但豆科牧草糖分含量较低,不宜单独青贮,应与玉米秸秆混合青贮。

48. 怎样估算青贮设施的容量?

青贮窖的容量大小与青贮原料种类、水分含量、切碎压实程度及青贮设施种类的不同有关,一般来说,揉搓和拉丝原料容易压实,需要的空间较小,每立方米可青贮600千克以上,切碎玉米秸秆可青贮500千克左右,可按平均每立方米560千克计算。青贮窖具体的尺寸、面积及每米长度青贮料的重量见表5-2。

表 5-2　青贮窖的尺寸、面积及每米长度青贮料的重量

序号	深度（米）	底宽（米）	顶宽（米）	横断面积（米²）	每米长度青贮料的重量（千克）
1	1.2	1.5	2.1	2.16	1210
2	1.2	1.8	2.6	2.64	1480
3	1.2	2.1	3.1	3.12	1750
4	1.8	1.8	2.7	4.05	2270
5	2.4	2.5	4.5	8.40	4700
6	3.0	3.0	5.6	12.90	7200

49. 怎样提高半干青贮效果？

半干青贮又叫低水分青贮，含水量在 45%～60% 之间，具有干草和青贮原料两者的特点，饲用价值大，饲喂效果好。低水分青贮料含水量低，干物质含量比一般青贮原料多 1 倍。在原料含水量低、质地粗硬、植物细胞汁液难以渗出的情况下，添加食盐青贮，可促进细胞汁液流出，有利于乳酸菌发酵。食盐添加量一般为青贮原料重量的 0.2%～0.5%。

50. 秸秆的加工利用方法有哪些？

(1) 干燥处理　多数谷类作物秸秆都可以制成干草，其干燥方法同青干草。

(2) 物理加工　农作物的物理加工方法有：切短、粉碎、制粒、浸泡、蒸煮、热喷等。这几种方法只能提高秸秆的适口性和采食量，或者减少饲料在采食过程中的浪费，但不能较大幅度地提高其消化率和营养价值。除了豆荚类外，其他秸秆的切断是必要的。对肉羊来说，秸秆可切成 2～3 厘米长，但饲喂老龄羊的秸秆以 1

厘米为宜。

(3) 生物处理 包括青贮、添加酶制剂、真菌处理等。

(4) 化学处理 主要指氨化。

51. 籽实饲料发芽处理对营养价值有哪些影响？

籽实饲料发芽可极大地增加酶的活性，在酶的作用下，籽实中的淀粉可变成单糖；蛋白质变成氨基酸或简单的肽类；脂肪分解成脂肪酸；维生素，特别是 B 族维生素和维生素 C 含量显著增加。如 1 千克大麦在未发芽前几乎不含胡萝卜素，但发芽后（芽长 8.5 厘米左右），可产生胡萝卜素 73～93 毫克，核黄素的含量由 1.1 毫克增加至 8.7 毫克，蛋氨酸含量增加 2 倍，赖氨酸增加 3 倍，而无氮浸出物有所下降。另外，谷类饲料发芽后适口性有所改善，从而使动物的采食量大大增加。

一般禾谷类籽实经过 6～8 天培育，芽的长度达 6～8 厘米，即可切碎饲喂。

冬季青绿饲料不足，给羊只补喂一些发芽饲料很有好处。尤其适合于饲喂幼羔羊、患病羊和妊娠母羊。

52. 浸泡籽实饲料有什么好处？

未经粉碎或压扁的豆类等籽实饲料比较坚硬，不经浸泡很难咀嚼消化。这类饲料浸泡后可使其软化，并能增加，适口性，提高消化率。对于一些含有单宁或其他有毒的饲料，如菜籽，浸泡还可以使其异味和毒素减轻，提高饲喂的安全性。但浸泡时要注意气温，夏天浸泡时间应短些，否则易腐烂变质。

53. 为什么要对籽实饲料进行蒸煮处理？

蒸煮处理可破坏饲料中的有毒有害成分。如大豆由于有豆腥味，适口性不好，且含有抗营养成分，蒸煮后可破坏抗胰蛋白酶等有毒有害因子,提高蛋白质的消化率、营养价值和适口性。棉籽饼中含有棉酚等有毒物质,蒸煮后可破坏部分毒素。对蛋白质含量高的饲料,加热处理时间不宜过长,一般130℃时不超过20分钟。但青绿饲料(尤其是叶类饲料)经蒸煮等热处理,不仅不能提高其营养价值,有时还会产生蛋白质变性、消化率降低、维生素破坏等不良作用。

六、羊的营养需求与饲料供给

1. 羊的消化功能有何特点？

羊消化系统的结构和消化生理功能与单胃动物相比有很大差别，瘤胃虽然不能分泌消化液，但其中有大量的多种微生物生存，对各种饲料的分解与营养物质的合成起着重要作用。因此，羊具有较强的采食、消化、吸收和利用多种粗饲料的能力。

2. 羊的消化道有什么特点？

羊属于反刍类家畜，由4个胃室组成复胃，即瘤胃、网胃（蜂巢胃）、瓣胃和皱胃。前三个胃室没有胃腺，合称为前胃，第四胃有胃腺，能分泌消化液，与单胃相似，故也叫真胃。第一胃叫瘤胃，呈椭圆形，容积最大，是暂时储存食物的场所。瘤胃虽然不能分泌消化液，但胃壁强大的纵形环肌能够强有力地收缩与松弛，进行节律性蠕动，以搅拌食物。胃黏膜表面有无数密集的角质化乳头，有助于食糜与胃壁接触。另一方面，瘤胃内存在大量的细菌和纤毛原虫等，这些微生物不仅可以分解瘤胃内饲料中的纤维素、果胶等，产生甲酸、乙酸、丁酸、乳酸以及丙酸等，还可将饲料中的淀粉和糖类分解成挥发性脂肪酸、二氧化碳及甲烷等，合成氨基酸、蛋白质、维生素K和B族维生素。有些菌群还能利用尿素氮合成菌体蛋白。微生物活动所产生气体通过动物嗳气及呼吸被排出体外，挥发性脂肪酸经胃壁吸收参与机体代谢。细菌和纤毛虫等下行到皱胃、小肠时，由于生态环境的变化，大部分微生物死亡后被机体吸收利用。蛋白质和维生素也通过胃蠕动进入小肠，被动物体吸收。第二胃叫网胃，又名蜂巢胃，为球形，内壁分割成许多蜂巢状网格，第

一、二胃紧连在一起,其消化生理作用基本相似,除机械作用外,也可利用微生物进行分解消化食物。第三胃叫瓣胃,又名百叶胃,内壁有无数纵列的褶膜,对食物进行机械的压榨作用。第四胃叫皱胃,也叫真胃,为圆锥形,胃壁有腺体组织,分泌胃液,主要为盐酸和胃蛋白酶,食物在胃液的作用下进行消化。小肠是羊消化吸收营养物质的主要器官,小肠长17~25米,多弯曲,食物在小肠多种消化酶的作用下被消化、分解、吸收,小肠越长,吸收能力越强。未被消化的食物,经肠蠕动进入大肠,大肠长8.5米左右,也有消化吸收功能,未被消化吸收的残渣形成粪便排出。

3. 羊需要哪些营养物质?

羊的营养需要是指羊在生存、生长及生产过程中,所需要的各种营养成分的总和。可划分为维持需要和生产需要。维持需要主要用于基础代谢、自由活动和维持体温。生产需要包括生长需要、妊娠需要、产奶需要。羊摄取的营养物质首先是满足维持需要,满足维持需要后的剩余养分才用于生产需要。维持需要占总摄取养分的比例越低,用于生产需要的比例就越高,饲养效益就越好。羊需要的营养物质包括蛋白质、碳水化合物、脂肪、矿物质、维生素和水等。

(1)蛋白质 蛋白质是羊生存、生长、繁殖不可缺少的物质。可以说,羊体中的每一部分都离不开蛋白质,肌肉、毛皮、内脏、血液、神经、骨骼以及体内所必需的酶、激素、抗体等的基本成分都是蛋白质,蛋白质还可以分解产生能量,用作羊体的能源。羊瘤胃内的微生物可以利用非蛋白氮合成羊可以利用的微生物蛋白质,但这部分蛋白质远远不能满足羊的需求量,因此,蛋白质还必须通过饲料供给。

(2)碳水化合物 碳水化合物是植物的重要成分,是羊饲料中的最主要的能量来源。碳水化合物又可根据功能分为可溶性糖、淀粉、半纤维素和纤维素。可溶性糖和淀粉容易消化和降解,经羊的消化道酶水解后可产生葡萄糖,吸收后成为血糖;半纤维素和纤维素在羊的消化道中被微生物酶解为挥发性脂肪酸,为羊提供能量来源,同时为微生物菌体蛋白的合成提供充足的碳架,达到提高粗饲料营养价值和利用效率的目的。纤维素与半纤维素、木质素结合在一起,会影响微生物对半纤维素和纤维素的酶解,降低饲料中其他物质的消化率。

(3)脂肪 脂肪也是构成羊所有器官和组织的必要成分。脂肪是储存能量的最好形式,是脂溶性维生素 A、维生素 D、维生素 E、维生素 K 的溶剂。羊奶、羊肉都含有一定量的脂肪。

(4)矿物质 矿物质是羊体组织、细胞、骨骼和体液的重要成分。体内缺乏矿物质,会引起神经系统、肌肉系统、肌肉运动、食物消化、营养输送、血液凝固和体内酸碱平衡等功能的紊乱,影响羊体健康、生长发育、繁殖和羊产品产量,乃至死亡,因此必须通过饲料予以补充。矿物质又分为常量元素和微量元素。常量元素是指在动物体内的含量大于体重 0.01% 的元素,如钙、磷、钠、钾、氯、镁、硫等;微量元素是指在动物体内的含量小于体重 0.01% 的元素,如铁、铜、钴、碘、锰、锌、硒、钼、氟、硅、铬等。在羊的日粮中通常需要考虑添加的矿物质有:钙、磷、钠、钾、氯、铁、铜、钴、碘、锰、锌、硒等。

(5)维生素 维生素是羊体必需的营养物质,有控制、调节代谢的功能,维生素不足可引起羊体内代谢紊乱。维生素可分为脂溶性维生素和水溶性维生素两类。脂溶性维生素包括维生素 A、维生素 D、维生素 E、维生素 K,这类维生素除维生素 K 外,均不能在体内合成,需要由饲料供给。但脂溶性维生素可在体内储存,短时间的供应不足,对羊体不会造成不良影响,但长期缺乏仍可引起疾病。水溶性维生素包括 B 族维生素和维生素 C,可在羊体内合成。

(6) 水 水是组成体液的主要成分,对羊体正常的物质代谢有特殊作用。各种物质在体内消化、吸收、运输、代谢等生理活动都离不开水。另外,水还可以调节羊的体温,保持体温恒定,同时还参与体内的生化反应,调节渗透压,保持细胞的正常形态。

4. 羊饲料应由哪几部分组成?

羊的饲料由粗饲料、青绿饲料、青贮饲料、能量饲料、蛋白质饲料、矿物质饲料、维生素和添加剂等部分组成。

5. 什么是粗饲料?常用的粗饲料有哪些?

粗饲料是指天然水分含量小于 45%、干物质中粗纤维含量大于或等于 18%、以风干物质为饲喂形式的饲料。粗饲料包括饲草与农副产品秸秆、秕壳及藤蔓、荚壳等。粗饲料的营养价值虽然较其他饲料低,但因其产量大,通常在羊日粮中可占有较大比重,具有来源广、成本低、营养价值低、粗纤维含量高、适口性差等特点。其蛋白质、矿物质、维生素含量变化较大,主要受饲料种类、土壤和肥料等因素的影响。羊常用的粗饲料有:苜蓿干草、燕麦干草、花生蔓、红薯蔓,各种豆壳、豆秸,玉米秸秆、稻草、麦秸等。

6. 羊为什么对枯草的利用率较低?

因为牧草内有近 10% 的氮是与木质素联系在一起的,随着牧草的成熟其比例也会进一步升高,这部分含氮物质基本上不能被利用。因此,冬、春季放牧绵羊的饲草中不仅蛋白质含量低,利用率也低。

7. 什么是青绿饲料?青绿饲料有什么特点?

青绿饲料是指天然水分含量大于 45% 的新鲜牧草、野菜、鲜嫩藤蔓枝叶和未成熟的各种植株等。大部分青绿饲料的适口性好,营养相对平衡。如果按干物质计算,青绿饲料含粗蛋白质 10%~20%、粗脂肪 4%~5%、粗纤维 18%~30%、粗灰分 6%~11%,同时含有各种酶、激素和有机酸,能促进动物消化液分泌,增进食欲。而且青绿饲料中的蛋白质营养价值较高,其中各种必需氨基酸,特别是赖氨酸、蛋氨酸和色氨酸的含量较多。此外,青绿饲料含有丰富的铁、锰、锌、铜等微量矿物元素。除维生素 D 外,其他维生素的含量均很丰富。青绿饲料体积大,水分含量高,可达 60%~80%。一般以抽穗或开花前的青绿饲料营养价值较高,羊对青绿饲料有机物的消化率可达 75%~85%;但在抽穗或开花之后,粗纤维含量增加,适口性减弱;木质素增加后,饲料消化率明显降低,绵羊对已木质化纤维素的消化率仅为 32%~58%。

8. 给羊饲喂青绿饲料时应注意哪些问题?

由于青绿饲料营养较丰富,对羔羊、繁殖母羊和公羊来说,都是较好的饲料。尤其是哺乳母羊,如果长期饲喂干草,产奶量会受到一定影响,饲喂青绿饲料可以提高产奶量。羊饲喂青绿饲料时应注意下列问题。

第一,防止腹泻。大量饲喂水分含量较高的鲜嫩牧草可引起羊只腹泻。

第二,防止矿物元素缺乏。幼嫩牧草中,水分含量高,矿物元素含量普遍较低,因此,应注意矿物元素的补充。但一般青绿饲料中钾的含量较多,由于钾能促进钠的排出,所以,在给羊饲喂青绿饲料时应注意食盐的补充。另外,青绿牧草中钠和氯的含量均不足,所以放牧羊群更需要补给食盐。

第三,青绿饲料应搭配饲喂。每一种单一的青绿饲料都有营养上的局限性。一般来说,豆科牧草蛋白质水平较高,是很好的牧草。虽然禾本科牧草的粗纤维含量较高,对其营养价值有一定影响,但由于其适口性较好,特别是在羊的生长早期,幼嫩可口,采食量高,因而也不失为优良的牧草。

第四,长期饲喂青干草的羊不能突然全部改喂青绿饲料,应先与干草搭配饲喂,逐渐过渡到全青绿饲料饲喂。

9. 什么是蛋白质饲料?

饲料干物质粗蛋白质含量大于或等于20%,而粗纤维小于18%的饲料,称为蛋白质饲料。羊用蛋白质饲料主要指植物性蛋白质饲料。

10. 羊常用的蛋白质饲料有哪些?各有什么特点?

羊常用的蛋白质饲料有:大豆饼(粕)、菜籽饼(粕)、芝麻饼(粕)、花生饼(粕)、棉籽饼(粕)、啤酒糟等。

(1)大豆饼(粕) 大豆饼(粕)是目前最好的植物蛋白质源,其蛋白质含量高达45%左右,其中含赖氨酸3.02%、蛋氨酸0.66%,富含核黄素和尼克酸,并含5%脂肪、6%粗纤维,含磷也较多。因此,大豆饼的营养价值较高。但大豆蛋白质的蛋氨酸、色氨酸、胱氨酸含量较少,最好与其他谷物饲料源(如苜蓿粉、棉籽饼等)搭配使用。大豆饼虽然是一种高蛋白质饲料,但生豆饼中含有多种抗营养因子,有抗胰蛋白酶、植物凝集素、皂苷、植酸、抗维生素因子、致过敏因子等。这些物质不仅影响动物对营养物质的消化吸收,而且对动物机体内的组织器官也有损害。热处理可破坏其中大部分有害成分,并可提高其适口性和消化率,因此,用作动物饲料的豆饼(粕)应为熟制品。利用微生物发酵可分解和破坏豆粕中的有害因子,提高蛋白质生物转化率。羊精料补充料中的用量为10%~25%。另外,由于大豆饼(粕)的营养物质裸露在外,在贮藏过程中容易遭受虫、霉侵害,所以不宜久存。

(2)菜籽饼(粕) 油菜籽饼(粕)中的粗蛋白质占36%~38%,其必需氨基酸含量较高,硫氨基酸含量高于大豆饼,但赖氨酸低于大豆饼,氨基酸的有效性亦低于大豆饼,适口性差。菜籽饼(粕)中含有硫葡萄糖苷及其降解产物、芥子碱等多种有毒有害成分。硫葡萄糖苷本身对动物并无毒性,对动物有毒害作用是其水解产物——噁唑烷硫酮、异硫氰酸酯、硫氰酸酯和腈。这些产物可引起甲状腺肿大,其中以噁唑烷硫酮的致甲状腺肿大作用最强,故被称为致甲状腺肿素。反刍动物对菜籽饼(粕)中有毒成分的敏感性较非反刍动物低。中毒后的羊表现为:食欲降低或废绝;反刍功能减退或停止,瘤胃蠕动无力且次数减少,臌胀,尿频而量少,出现血尿,严重者出现急性溶血性贫血;可视黏膜发绀,鼻腔流出泡沫样液体;咳嗽,呼吸急促,精神沉郁,消瘦,常出现共济失调,痉挛或麻痹等神经症状。

菜籽饼(粕)中有毒成分种类较多,引起中毒危害的状况较为复杂,且无特效治疗药物。饲用菜籽饼应经脱毒处理后才可食用,并限制其用量,羊精料补充料中的使用量以5%～6%为宜,最高不超过10%,羔羊慎用。发现羊只有中毒表现,应立即停止饲喂,对症治疗。

(3)芝麻饼(粕) 其营养成分与豆饼接近,含粗蛋白质40%、粗纤维8%,代谢能和赖氨酸含量均低于豆饼,富含蛋氨酸、胱氨酸、色氨酸和矿物元素,但种壳中草酸含量较高,影响矿物质的利用。一般情况下,芝麻饼(粕)不能作为动物的唯一蛋白质源。成年羊精料补充料中的用量为6%～8%,羔羊精料补充料中的用量为3%～4%。

(4)花生饼(粕) 脱壳花生饼(粕)的营养价值较高,粗蛋白质可达44%～47%。与豆饼相比,花生饼中精氨酸含量较高,但其他必需氨基酸(特别是赖氨酸)缺乏,又因皮壳中单宁含量较高,绵羊对花生饼的消化率较低,加之易感染黄曲霉菌,应限制其用量。羊饲料中的用量应为8%～10%,同时注意其他氨基酸的补充。

(5)棉籽饼(粕) 与豆饼相比,棉籽饼中蛋白质含量低,纤维素含量高,代谢能也较低,许多必需氨基酸特别是赖氨酸含量低。另一方面,棉籽饼(粕)中含有棉酚和环丙烯类脂肪酸,长期过量饲喂,可引起动物中毒。棉酚在动物消化道内可刺激胃肠黏膜,引起胃肠道炎症。吸收入血后,能损害心、肝、肾等实质器官,使之发生变性、坏死。因心脏损害而导致的心力衰竭常会引起肺水肿和全身缺氧性变化。棉酚能增强血管壁的通透性,促进血浆和血细胞渗向周围组织,能在神经细胞中积累而危害神经系统。干扰血红蛋白的合成,引起缺铁性贫血,并导致溶血。羊通过瘤胃微生物的发酵作用可使棉酚分解。也有人认为,游离棉酚在瘤胃中与可溶性蛋白质结合,形成结合棉酚,从而使其失去毒性。因此,对于瘤胃功能健全的成年羊来说,一般情况下不易引起中毒,但是,如果游离棉酚超越了瘤胃的解毒极限,仍会引起中毒。羔羊瘤胃功能尚不完善,难以对棉酚起到解毒作用,因而较易中毒。羊发生棉酚中毒后,表现为食欲减退,腹泻、失明、黄疸、心率和呼吸加快,颈部和胸腹部水肿。因此,棉籽饼(粕)在羊饲料中的用量应限制在5%~8%,羔羊慎用。

(6)啤酒糟 啤酒糟是大麦除去可溶性碳水化合物后的蛋白质、纤维素、脂肪、维生素及矿物质浓缩物,故其成分中的淀粉含量很少,粗蛋白质含量占干重的22%~27%,粗脂肪占6%~8%,钙多磷少。鲜啤酒糟含水分80%左右,易发酵而腐败变质,脱水制成的干啤酒糟具有大麦芽的芳香味,适于喂羊,尤其是奶山羊。

11. 饲料原料的蛋白质含量越高饲用价值就越高吗?

饲料原料的利用率受畜种、家畜的生理状态、饲喂量、各种饲料原料的配伍及其本身的结构(原粮或粉状)等诸多因素的影响,在调制配合饲料时,不仅要参阅饲料营养成分含量,还要考虑营养成分的可利用性,注意其中是否含有有害物质。如肉羊配合饲料中使用5%~6%的菜籽饼,可以发挥其蛋白质饲料原料的功能,但大量使用就可能导致营养利用率的下降或出现中毒现象;花生饼的蛋白质含量较高,但如果感染黄曲霉菌,就不宜用作动物饲料。

12. 什么是能量饲料？

能量饲料是指在干物质中,粗纤维含量低于18%,同时粗蛋白质含量低于20%的谷实类、糠麸类、块根与块茎类及油脂类饲料。能量饲料的特点是:能值高,粗蛋白质和必需氨基酸含量以及粗纤维含量、粗灰分含量低,缺乏维生素A和维生素D,但富含B族维生素和维生素E。

13. 羊常用的谷实类能量饲料有哪些？各有什么特点？

羊常用的谷实类能量饲料有:玉米、大麦、高粱等。谷实类饲料中主要成分是淀粉,占82%~90%,消化率可达90%以上。

(1) 玉米 由于玉米能量含量高,适口性好,可大量用于动物配合饲料中。在羊的精料补充料中,玉米的使用量为40%~60%。玉米的缺点是:蛋白质和矿物质含量较低,因此,用玉米喂羊时,最好搭配大豆饼等其他原料,并补充钙。玉米过量饲喂可引起酸中毒。另外,由于玉米含有较多的脂肪,粉碎后容易氧化而酸败。粉碎后的玉米也容易感染黄曲霉菌,黄曲霉菌产生的黄曲霉素是目前发现的化学致癌物中最强的真菌毒素之一,因此,粉碎后的玉米不宜久贮,更不能用发霉的玉米喂羊。玉米不宜粉得过细,粉得过细容易引起羊前胃弛缓。

(2) 大麦 大麦是一种较好的能量饲料,粗蛋白质含量约为12%,而且蛋白质品质较好,赖氨酸含量在0.52%以上。但消化能含量较低,粗脂肪含量还不到玉米的1/2。大麦也应粉碎后喂羊,但不宜粉得太细,以免影响羊的反刍和吞咽。

(3) 高粱 与玉米相比,高粱的蛋白质含量略高,能量含量稍低,矿物质和维生素不能满足羊的需要,钙少磷多,B族维生素含量与玉米接近,烟酸含量较高。高粱种皮中含有较多的单宁,因此,具有苦涩味,适口性较差,饲料中用量过大可降低能量和蛋白质等营养成分的利用,在绵羊精料补充料中的用量不宜超过15%,通常用来代替部分玉米。羔羊料中的用量可限制在8%以内,以防引起便秘。山羊精饲料补充料中的用量可适当放宽。

14. 玉米颗粒可以直接喂羊吗?

玉米是羊最常用的精饲料,饲喂前将其粉碎有利于与日粮中其他成分的均匀混合。另外,适当的粉碎,可使玉米表面积增大,利于羊消化道及微生物所分泌的酶的接触与消化,可以提高营养物质的消化和利用率。整粒玉米虽然在羊瘤胃停留的时间较长,但通过羊的不断反刍和咀嚼,粒度降低后进入小肠,其中大部分的营养成分在小肠被利用。如果玉米粉得太细,大部分玉米淀粉在瘤胃内被微生物降解、发酵而产生挥发性脂肪酸,降低了玉米能量的利用率;大量的淀粉被瘤胃微生物降解后,还可产生大量的丙酸,使瘤胃pH值降得很低,从而影响瘤胃微生物对纤维素的分解;另外,粉得太细影响反刍,容易引起瘤胃积食。因此,玉米用作羊饲料时可粉成粗粒或整粒饲喂,不宜粉得太细。

15. 羊常用的糠麸类能量饲料有哪些?各有什么特点?

糠麸类能量饲料主要包括麸皮、米糠、玉米皮、粉渣类。

(1) 麸皮 麸皮是加工副产品类最好的能量饲料之一,蛋白质含量较高,可达12.5%~17%,麸皮含磷量较高,并具有疏松、适口、轻泻等特点。

(2) 米糠 米糠是加工大米时分离出来的种皮、糊粉层与胚三种物质的混合物。其营养价值与米的加工程度有关,加工米越白,进入米糠的胚乳物质就越多,其能量价值就越高。米糠含油脂较多,羊饲喂过多,容易出现腹泻。米糠长期保存也容易酸败,因此,应控制羊的饲喂量并尽量缩短贮存时间。

(3)玉米皮 玉米皮是玉米加工时脱离的外壳,其营养价值和贮存要求与玉米相似。

16. 麸皮可单独喂羊吗?

麸皮不但是一种重要的饲料原料,而且是一种保健饲料。麸皮中的低聚糖具有表面活性,可吸附肠道中有毒物质及病原菌,提高机体抗病能力。麸皮中粗纤维和磷的有机化合物含量高,具有轻泻性,所以母羊产羔后,在饮水中加入麸皮和少量食盐,有助于排除恶露,通便利肠。但麸皮不宜长期单独饲喂,必须与其他饲料原料配合使用。因为麸皮具有下列缺点。

(1)营养不全面 任何一种饲料原料的营养含量都是有限的,不可能满足动物对各种营养素的要求。麸皮中能量含量较低,钙、磷比例严重失调,钙含量仅为磷的1/8。喂羊时,应与高能量饲料(如玉米等)一起配合使用并注意补充钙。

(2)质地蓬松,吸水性强 如长期大量干喂,饮水不足,易导致羊便秘。

(3)消化利用率低 用麸皮直接饲喂羊,其蛋白质的利用率不高,一般吸收率为30%左右,若膨化后饲喂,吸收率可达到99%。

(4)过量饲喂可引起腹泻 虽然麸皮因为具备轻泻作用而被用来饲喂产后母羊,但在任何情况下,饲喂过量都可能出现腹泻。因此麸皮用作羊饲料时,不仅要与其他原料配合,还应控制其饲喂量。一般羊精料补充料中的使用量不超过25%,羔羊和种羊的饲喂量应低于其他羊。

17. 向日葵饼(粕)可以用作羊饲料吗?

向日葵饼(粕)中富含铁、锌、铜元素和B族维生素,粗蛋白质的平均含量为23%,变动范围为17%~43%,由于其粗纤维含量高达20%以上,总营养价值一般不及糠麸类,是饼(粕)类中的低档品,只能归属于粗饲料。向日葵饼(粕)中含有0.7%~0.82%绿原酸,绿原酸是一种抗营养物质,对胰蛋白酶、淀粉酶和脂肪酶的活性有抑制作用。但由于蛋氨酸和氯化胆碱能够部分抵消绿原酸的负面影响,一般对动物生产性能影响不大。向日葵饼(粕)虽然可用作羊饲料,但只能用作粗饲料,而不能当作蛋白质饲料去利用。

18. 配制羊精料补充料时应考虑哪些因素?

绵、山羊的日粮应以粗饲料和青绿多汁饲料为基础,营养物质不足部分再用精料补充。因此,粗饲料的供应状况直接影响精料补充料的组成和供应量。配制羊精料补充料时,应考虑以下因素。

第一,要考虑羊的生理状态,是肉羊还是毛绒羊?是羔羊还是成年羊?是种公羊还是育成羊?是哺乳母羊还是空怀母羊?是妊娠前期还是妊娠后期?一般情况下,肉羊的营养水平应高于绒毛羊,羔羊应高于成年羊,种公羊在配种季节精料补充料的蛋白质水平应保持在18%~20%,哺乳母羊和妊娠后期母羊对精料补充料的数量和质量都有较高的要求,如泌乳期奶山羊,每产1千克含乳脂4%的标准奶,需要可消化粗蛋白质51克或者粗蛋白质78克。因此,不同生理状态的羊应分别对待。

第二,要考虑羊群所采用的饲养方式和环境气候条件。如在寒冷的冬季,绒毛羊靠放牧既不能饱腹,又不能满足营养需要,就需要补充一定量的高能量饲料。

第三,要考虑饲料原料的来源。实际生产中要尽可能选择一些来源广泛、价格低廉的饲料作原料,以降低成本。

第四,要考虑饲料的有效成分和安全性。有些饲料的营养价值较高,但含有一定量的有毒有害成分或者已发霉或者被污染,就要限制使用或者禁止使用。如花生粕虽然营养价值较高,但易感染黄曲霉菌,需要谨慎使用;对已经发霉的或者被有毒有害污染物污染的花生粕应禁止使用。

第五,要查阅各种饲料的营养成分,以便进行合理的搭配。

19. 怎样配制羊日粮?

羊日粮的配制方法包括手工计算法和计算机优化计算法。手工计算法简单易学,但需要一定的实践经验,否则盲目性较大,而且不易筛选出最佳配方。计算机优选配方法可利用多种饲料原料,同时考虑多项营养指标,设计出营养成分合理、价格较低的饲料配方。下面介绍一种用试差法配制羊日粮的示例。

羊的采食量与体重、年龄、生长阶段、生产水平等因素有关。断奶羔羊生长速度较快,干物质采食量一般占体重的6%;20千克重的羔羊干物质采食量占体重的5%,快速生长时达到6%;30千克重的羔羊干物质采食量一般占体重的4.3%,快速生长时占4.7%。

某羊场有一批活重30千克的膘情较好的肉羊计划进行舍饲肥育,预计日增重290克左右,需要配制肥育日粮。场内现存饲料有:野干草、青贮玉米、苜蓿干草、玉米、麸皮、豆粕、棉籽粕、花生粕、石粉、磷酸氢钙、食盐、羊用矿物元素添加剂。

(1) 查羊饲养标准 见表6-1。按羊的性别、年龄和体重等查出其营养需要量。

表6-1 羊的营养需要量

体重 (千克)	日增重 (克/日)	干物质采食量(千克)	代谢能 (兆焦/千克)	粗蛋白质 (克)	钙(克)	磷(克)
30	290	1.30	14.22	191	6.6	3.2

(2) 查羊常用饲料营养成分和营养价值 见表 6-2。最好使用自己实测的原料养分含量值,以减少误差。

表 6-2　饲料原料营养成分含量　(干物质为基础)

原　料	干物质(%)	代谢能 (兆焦/千克)	粗蛋白质 (%)	钙(%)	磷(%)
野干草	90.0	6.52	8.80	0.54	0.09
青贮玉米	22.7	7.74	8.1	0.10	0.06
苜蓿干草	90.0	7.20	15.0	1.07	0.32
玉　米	88.0	14.27	9.50	0.05	0.24
麸　皮	88.5	10.25	15.50	0.20	0.89
豆　粕	90.0	13.32	45.0	0.31	0.61
棉籽粕	89.0	11.56	40.0	0.24	0.97
花生饼	89.5	15.85	42.0	0.25	0.52
磷酸氢钙				28	16
石　粉				35	

(3) 满足粗饲料的要求　根据羔羊的生理特点,日粮中粗饲料的比例不应低于 40%,粗饲料约占羊体重的 3%,每 3 千克青贮料可代替 1 千克青干草。

①计算和设定羊每日应饲喂的粗饲料量　粗饲料用量为 30×3%＝0.9 千克,其中 50% 为青贮料玉米(0.5×0.9＝0.45 千克),30% 为苜蓿干草(0.3×0.9＝0.27 千克),20% 为野干草(0.2×0.9＝0.18 千克)。

②计算粗饲料所提供的各种营养量　见表 6-3。用计算出的各种营养量与饲料标准相比较,以确定由精料补充料提供的干物质及其他养分量。

六、羊的营养需求与饲料供给

表 6-3　日粮粗饲料所提供的养分量

日粮组成(千克)	干物质(千克)	代谢能(兆焦/千克)	粗蛋白质(克)	钙(克)	磷(克)
青贮玉米	0.10	0.77	8.10	0.10	0.06
苜蓿干草	0.24	1.73	36.00	2.57	0.77
野干草	0.16	1.04	14.08	0..86	0.14
总　　计	0.50	3.54	58.20	3.53	0.97
需由精料满足的养分	0.80	10.68	132.80	3.07	2.23

(4)草拟精料配方中干物质及主要营养物质含量　见表 6-4。根据相关知识、经验和可供给的原料,初步草拟出精料配方:玉米 66%、麸皮 14%、豆粕 8%、棉籽粕 5%、花生饼 4%、其他 3%。

表 6-4　草拟精料配方中干物质及主要营养物质含量

原　料	干物质(千克)	代谢能(兆焦/千克)	粗蛋白质(克)	钙(克)	磷(克)
玉　米	0.58	8.28	55.10	0.29	1.39
麸　皮	0.12	1.23	18.60	0.24	1.07
豆　粕	0.07	0.93	31.50	0.21	0.42
棉籽粕	0.04	0.46	16.00	0.10	0.39
花生饼	0.03	0.47	12.60	0.07	0.15
总　　计	0.84	11.37	133.8	0.91	3.42
与需要量相比	+0.03	+0.69	+1.00	-2.16	+1.19

从本配方可以看出,蛋白质和能量稍高于需要量,不需要再做修改,如果差异较大,可用能量饲料(玉米或麸皮)代替部分蛋白质饲料,以达到供需一致的目的。

本配方中钙不足,可补充石粉 2.16/350＝0.0062(千克),即 6.2 克即可满足。形成的精料补充料配方为:玉米 66%、麸皮 14%、豆粕 8%、棉籽粕 5%、花生饼 4%、石粉 0.62%,食盐应根据精料补充料的供给量来决定。通常情况下,在配合料中加1%～2%,但如果精料供给量较高,应适当降低。适宜的补充量为每只羊 0.5 克/日左右。

本群肥育羊的日采食量为:粗饲料 0.9 千克,其中青贮料 0.45 千克、苜蓿干草 0.27 千克、野干草 0.18 千克;精料补充料约 0.9 千克,其中玉米 0.66 千克、麸皮 0.13 千克、豆粕 0.08 千克、棉籽粕 0.05 千克、花生饼 0.03 千克、食盐 5 克、石粉 6.2 克。精粗饲料的比例为 1:1。

对羊来说,青贮饲料应当控制饲喂量,以防止酸中毒,但青干草应当是自由采食。因此,羊的配合料主要指精料补充料。

20. 羊常用的块根与块茎类能量饲料有哪些？各有什么特点？

羊常用的块根与块茎类能量饲料有:胡萝卜、甘薯、甜菜等。这类饲料的水分含量高达 70%～90%,干物质含量低(干物质中主要是容易消化的淀粉或糖),蛋白质含量较低。大量饲喂,可引起腹泻,尤其是寒冷的冬季,成年羊的饲喂量应控制在 1～2 千克之间。

(1)胡萝卜 胡萝卜是一种维生素保健饲料,具有适口性好、胡萝卜素含量高的特点。胡萝卜素是维生素 A 的主要来源,而维生素 A 可以促进动物生长,防止细菌感染,并具有保护表皮组织,保护呼吸道、消化道、泌尿系统等上皮细胞组织的功能与作用。维生素 A 也是维持家畜正常繁殖性能必不可少的营养成分,羊缺乏维生素 A 不仅可造成胚胎死亡,还会发生肌肉和内脏器官萎缩、生殖器官退化等疾病。因此,给缺乏青绿饲料的羊饲料中添加胡萝卜不仅可以改善饲料的口味,提高食欲,调整消化功能,增强羊群抗病力,还可提高公、母羊的繁殖性能以及母羊的泌乳性能。

(2)甘薯 又称白薯、地瓜、山芋。甘薯富含淀粉,能量含量居多汁饲料之首。水分含量为70%～75%,淀粉含量高,粗纤维低。粗蛋白质含量低且品质差,钙含量低。有黑斑病的甘薯有异味,且含毒性酮,羊食入易导致喘气病,严重时会引起死亡。因此,应限制饲喂。给羊饲喂甘薯时,还应注意蛋白质、矿物质和维生素的补充。

(3)甜菜 饲用甜菜含糖5%～11%,适于喂羊,但新鲜甜菜喂羊容易发生腹泻,应当贮存一段时间后再喂。喂量不宜过多,也不宜单一饲喂。甜菜渣为糖用甜菜制糖后的副产品,其中80%的粗纤维可以被羊消化,甜菜渣中钙、磷的比例优于其他多汁饲料。但干甜菜渣吸水性强,在饲喂前应用2～3倍重量的水浸泡然后再喂,以避免喂后在消化道内吸水膨胀,不利于羊的健康。甜菜渣与粉碎农作物秸秆混合后青贮效果较好。

21. 水生植物可以喂羊吗?

用作青绿饲料的水生植物主要有水浮莲、水葫芦、水花生、绿萍、水芹菜和水竹叶等。这类植物具有生长快、产量高、不占耕地和利用时间长等优点。但存在着下列缺点:①水分含量可高达90%～95%,干物质含量很低,故营养价值较低;②饲喂水生植物易感染寄生虫病;③大量饲喂水生植物容易腹泻。因此,水生植物应尽量少喂或者不喂。如果饲喂,必须与其他饲料搭配使用。

22. 什么是维生素饲料?维生素有哪些功能?

维生素饲料指工业合成或提纯的单一维生素或复合维生素,但不包括某些维生素含量较多的天然饲料,因此又称为维生素添加剂或维生素补充物。

维生素又叫维他命,是维持生命的元素,也是维持动物生命活动和健康所必需的一类有机物质。维生素主要包括：脂溶性维生素和水溶性维生素两类。脂溶性维生素包括维生素 A、维生素 D、维生素 E 和维生素 K；水溶性维生素包括 B 族维生素和维生素 C。各种维生素的化学结构以及性质虽然不同，但它们参与动物机体代谢的调节，一旦缺乏就会引发相应的维生素缺乏症，影响生产力、免疫力和产品品质。因此，补充维生素的目的，一是防止缺乏症的发生；二是达到理想的生产性能；三是提高免疫能力；四是提高产品质量。

23. 羊容易缺乏哪些维生素？

羊在正常代谢过程中需要各种维生素。羊瘤胃微生物和体组织可合成多种维生素，如 B 族维生素、维生素 K 和维生素 C，合成的维生素能满足羊本身的需要；维生素 D 可以完全合成或部分合成；维生素 E 合成量有限。羊体不能合成维生素 A，需要从饲料中摄取，可以通过饲喂青绿饲料来满足，一般不需要额外补充，但长期饲喂劣质干草（如黄玉米秆）的羊会缺乏维生素 A。日粮中维生素 D 供应不足、光照不足或消化吸收有障碍可导致绵、山羊钙、磷的吸收和代谢障碍，发生以骨骼发育受阻为特征的维生素 D 缺乏症，如软骨症和骨骼变形。

24. 维生素添加剂可以长期保存吗？

大多数维生素的稳定性较差，容易氧化或易被其他物质破坏，所以几乎所有的维生素添加剂都经过特殊加工处理和包装，即使这样，维生素添加剂在潮湿、高温条件下或遇酸、碱和矿物质时稳定性仍会下降。

(1) 维生素 A 多由维生素 A 醋酸酯制成，紫外线和空气中的氧都可促使维生素 A 醋酸酯分解。湿度和温度较高时，稀有金属可使维生素 A 的分解速度加快。含有 7 个水分子的硫酸亚铁可使维生素 A 醋酸酯的活性损失严重。维生素 A 与氯化胆碱接触时,活性将受到严重损失。在强酸或强碱环境中,维生素 A 很快分解。维生素 A 添加剂在干燥、密封、避光、气温 20℃ 以下条件下可贮存 1 年。

(2) 维生素 D 大多为维生素 D_3,是用胆骨化醇醋酸酯为原料制成。酯化后,又经明胶、糖和淀粉包被,稳定性较好。常温(20℃~25℃)条件下,在含有其他维生素添加剂的预混剂中,可贮存 1 年。但是,如果在 35℃ 的预混剂中贮存 1 年,活性将损失 35%。

(3) 维生素 E 维生素 E 添加剂多为人工合成的 α-生育酚醋酸酯,性能比较稳定,在维生素预混剂中,可贮存 1 年。

(4) 维生素 K 在饲料中使用的是人工合成的维生素 K_3(α-甲基萘醌),其性能比较稳定,在添加剂预混料中,微量元素对它影响不大,但高湿条件下会加速分解。

(5) 维生素 C 也称抗坏血酸,极易氧化,在光照和高温条件下很容易被破坏,另外,抗坏血酸可破坏其他维生素,故在制作添加剂预混料时,要尽量避免维生素之间的直接接触。

(6) B 族维生素 一般吸水性都比较强,而且容易受温度和酸或碱性环境的影响。

鉴于以上原因,维生素添加剂最好贮藏在干燥、避光、低温条件下,避免与酸碱物质以及矿物添加剂共存,特别要避免与吸湿性强的氯化胆碱共存。密封包装的高浓度单项维生素添加剂一般可贮存 1~2 年;不含氯化胆碱和维生素 C 的维生素预混料不超过 6 个月;含维生素和微量元素的复合预混料,最好不超过 1 个月,不宜超过 3 个月。所有维生素补充物产品开封后需尽快用完。

25. 什么是矿物质饲料?矿物质饲料主要包括哪些?

可满足羊在生长发育过程中对常量元素和微量元素需要的一

类饲料称为矿物质饲料。分为常量矿物质饲料和微量矿物质饲料。

(1) 常量矿物质饲料　主要包括食盐、石粉、磷酸氢钠、磷酸钙、磷酸氢钙等。

①食盐　食盐是羊饲料中重要的矿物质之一。可补充羊对钠和氯的需要,对调节机体渗透压、维持体液平衡起着重要作用,还可提高饲料的适口性、增加羊的采食量。一般占精料补充料的1%～2%。

②含钙矿物质饲料　羊常用的含钙矿物质饲料是石粉和贝壳粉。这两种物质的含钙量为35%～38%。

③含磷矿物质饲料　羊常用的含磷矿物质饲料一般既含钙又含磷,主要是磷酸钙、磷酸氢钙。

(2) 微量元素添加剂　微量元素添加剂是一种或多种微量矿物元素化合物与载体或稀释剂按一定比例配制的均匀混合物。羊用微量元素添加剂通常是以石粉为载体,添加亚硒酸钠、碘化钾、氯化钴、硫酸锰等成分配制而成。饲料中添加微量元素的目的在于保障羊只健康,改善饲料品质,提高饲料利用率和羊的生产性能。

26. 矿物元素对羊体重要吗?

羊在生长和生产过程中,需要许多种类不同且功能各异的矿物质,当日粮供给不足时,羊的生长和生产就会受到不同程度的限制。组成羊体组织的矿物元素有26种以上,其中常量元素有钙、磷、钠、钾、镁、硫和氯7种;微量元素有铁、铜、锰、锌、钴、碘、硒、钼、氟、钒、锡、镍、铬、硅、硼、镉、铅、锂和砷19种。

矿物元素添加剂虽然在配合饲料中的用量很少,但对补充营养、预防疾病、保障饲料品质和羊产品质量的作用很大,不仅有利于羊的正常生长、繁殖,还可节省饲料,降低成本,提高养殖效益。

有人把矿物元素称为全价饲料的心脏和灵魂。在实际生产中,羊通过饲料和饮水不能满足其对某些元素的需求,因此,必须注意补充。

27. 为什么要给羊补盐?怎样给羊补盐?

"羊性好盐,常以啖为妙。""春不啖盐夏不好,伏天不啖不吃草。"一只成年羊日需要食盐5~10克,但各种饲料源的钠含量较少,尤其是牧草含钠量更少,远远不能满足羊体的需要。因此,必须给羊补盐。北方地区最好补充硒碘盐。

给羊补盐的方法很多,常用的有:

(1)饮水补盐 在每升饮水中加入食盐0.5~1克,并经溶解和搅拌均匀后方可让羊饮用。水中食盐的添加量应根据羊的日粮组成和饮水量来决定。如在春末和夏初,牧草水分含量高,钠含量低,而且饮水量不大,每升饮水中的食盐量可调整到1克。但在饮水能够满足供应和自由饮用、精饲料日饲喂量较大或粗饲料以青干草为主的舍饲条件下,每升饮水的食盐量应降至0.5克左右。

(2)饲料补盐 为了补盐,通常在配合饲料中加入1%~2%食盐。饲料中盐的添加量取决于配合饲料的日饲喂量、饮水量和日粮组成。羔羊饲料盐的添加量控制在1%左右。

(3)自由啖盐 将食盐单独放在专用盐槽里让羊自由舔食,即所谓的"啖盐"。

(4)盐砖补盐 盐砖是以食盐为载体,添加钙、磷、碘、铜、锌、锰、铁、硒等元素,经过一定工艺制成的中间有孔的圆形盐块。使用时可吊挂在羊舍或运动场,任羊自由舔食,舔食盐砖也是另一种形式的"啖盐"。

28. 羊用饲料和饲料添加剂应遵守什么原则?

第一,具有可靠的生产效果与经济效益。

第二，对羊不产生急性或慢性中毒和不良影响。

第三，在饲料和羊体内具有较好的稳定性。

第四，不影响饲料的适口性。

第五，不影响畜产品的质量和人体健康。

第六，饲料添加剂使用时，一定要搅拌均匀，应先在少量饲料中进行预混。

第七，矿物质添加剂不能和维生素添加剂混在一起，以免氧化破坏维生素的效应。

第八，饲料添加剂只能用于干饲料（粉料）中，并作短期贮存（不超过 6 个月），不能混入水中贮存和加入发酵过程的饲料中，更不能与饲料一起煮沸使用。

29. 饮水对羊重要吗？

有人认为，羊吃饱就好，饮水多少关系不大，或者只给羊饮泔水，这种做法显然是不科学的。水是组成体液的主要成分，对羊体内的正常物质代谢有特殊的作用。只有充足饮水，才能有良好的食欲，所采食的草料才能很好消化吸收，血液循环与体温调节才能正常进行。羊若缺水，比缺草还难忍受和难以维持生命。饮水少则采食量下降，2～3 天不饮水则拒绝采食。如长期饮水不足，就会引起唾液减少，瘤胃发酵困难，消化不良，体躯消瘦；羊若缺水，血浆浓度升高，成活率降低。长期缺水，尿浓度增高可使羊发生尿中毒，甚至死亡。羊喜清洁饮水，尤其是山羊常常拒饮被污染过的水，这种行为被看作是羊的自我保护行为，但在极度干渴的条件下，也会被迫饮用非清洁水，其后果可能感染寄生虫病、传染病或消化道疾病。因此，应给羊供应充足的饮水，每只羊的日供水量为 3～5 升，任其自由饮用，同时还要注意水的卫生和质量，最好为深井水或流动而清洁的河水。一般情况下，人的安全饮水对羊也是安全的。饮水中的固体物（各种可溶解盐类）含量为 150 毫克/升时较为理想,低于5 000毫克/升对羔羊无害,超过7 000毫克/升可导致腹泻,高于10 000毫克/升时不能饮用。但从无盐水突然转为微盐咸水时,有些羊可能出现暂时性轻度腹泻,因此,需要有一个逐渐适应的过程。

30. 羊能不能饮用泔水?

泔水的来源不同,其成分差异很大。一般来说,泔水中盐分和油脂含量高,羊饮用后易出现中毒或腹泻。如果泔水腐败变质,羊饮用后的危害更大。因此,羊不应饮用泔水。

31. 羊能不能用生锈的铁槽饮水?

普通铁槽很容易生锈,如果羊长期用易生锈的铁槽饮水,就会摄入过多的氧化铁,即铁锈。过多的氧化铁对动物肝脏危害较大,成为身体其他病变的一个隐患,易出现腹泻、尿毒症和代谢失调等病症。

32. 羊为什么不宜喂猪和鸡的饲料?

一般猪饲料中矿物元素铜的添加量是猪体正常量的20~40倍,饲料中的铜代谢后有90%经粪便排出,铜又为不可降解物质,必然会造成土壤、水源、植被严重污染。另外,羊对过量的铜很敏感,容易出现铜中毒。因此,羊不宜喂猪饲料。

羊属于反刍动物,共有四个胃,即瘤胃、网胃、瓣胃和皱胃。吃食时先把饲料吞进瘤胃,然后移入网胃,待休息时再返回口中细细咀嚼回吞。瓣胃前通网胃,后接皱胃,主要功能是阻留食物中的粗糙部分继续加以磨细,并输送较稀部分进入皱胃进行消化吸收。由于鸡饲料中添加有一定量的保健砂,这些砂子滞留在瘤胃或随着食糜进入网胃、瓣胃,可导致羊前胃迟缓、瓣胃阻塞等病。因此,羊也不宜喂鸡饲料。

33. 羊为什么不宜突然更换饲料？

羊对饲草、饲料都有一定的适应性，突然更换草料不仅会打乱羊的采食习惯，使羊只采食量下降，而且会影响羊的消化功能，导致患消化道疾病甚至死亡。因为在正常情况下，羊瘤胃内的大量微生物形成一个特定的微生态环境，并保持一定的动态平衡，在微生态平衡时，有益微生物会占绝对优势，维持着动物的正常生长和生产。突然改变饲料就会改变瘤胃内环境，尤其是 pH 值的变化，一些优势微生物种群会失去优势，有害微生物则大量繁殖，使微生态失衡，有机体的消化功能紊乱。因此，羊群更换草料应逐渐过渡，不可突然改变。

34. 羊为什么禁喂动物源性饲料？

动物源性饲料产品通常是指以动物或动物副产品为原料，经工业化加工制作的单一饲料，包括水产制品（鱼粉、鱼油、虾壳粉等）、肉类加工副产品（肉骨粉、肉粉）、血粉、乳制品（乳清粉、乳粉和脱脂乳粉等）、蛋制品（蛋黄粉、蛋粉及蛋壳粉等）、蚕丝副产品（蚕蛹及蚕蛹粉）、动物油脂和油渣、畜禽屠宰下脚料（羽毛粉、水解羽毛粉、水解毛发蛋白粉、皮革蛋白粉、肠黏膜蛋白粉、明胶、骨粉、蹄粉、角粉、鸡杂粉等）。一般来说，动物源性饲料蛋白质含量较高，氨基酸组成好，钙磷比例合适。但其来源复杂，品质不稳定，加工方法简单并缺乏有效的管理，存在着下列安全隐患：

(1) 微生物污染 由于动物源性饲料产品，具有较高的蛋白质及脂肪含量，容易受到微生物的污染，尤其是肉粉、肉骨粉中更易受微生物滋生污染，特别易受沙门氏菌污染。沙门氏菌在饲料中大量繁殖，一旦被动物摄入后，可侵入肠黏膜上皮细胞及黏膜下固有层，造成消化道感染而引起动物感染型细菌性饲料中毒。此外，其他细菌，如葡萄球菌，污染饲料后，在饲料中繁殖并产生肠毒素,动物摄入肠毒素后可引起毒素型细菌性饲料中毒。一些性质稳定的存在于饲料中的毒素或通过饲料进入动物机体内的微生物代谢毒素可对畜产品造成污染,进而影响动物产品的食用安全。

(2) 重金属污染 动物源性饲料产品中的重金属污染主要是指铅、砷、镉、汞等污染。生长在自然地质化学条件特殊,或由于工农业生产活动造成污染的环境中的动物,长期食用或饮用富含铅、砷、镉等重金属的饲料或水,可造成相应高含量的重金属在骨骼中的沉积,以此种动物骨骼等为原料制成的动物源性饲料产品中其重金属含量往往超标;有机砷制剂以及含镉量高的硫酸锌等矿物添加剂的使用也可使得动物机体中砷和镉的残留量增高,从而导致相应的动物源性饲料产品中砷、镉含量的增高;鞣制皮革过程中铬试剂的使用,造成了以鞣制皮革的副产物为原料的皮革蛋白粉中铬含量的超标。此外,以蓄积铅与砷的毛发、皮肤为原料的羽毛粉、皮革蛋白粉中可能含有较高量的铅与砷,以生活在高汞、砷、镉等重金属环境中的鱼类为原料制作的鱼粉可造成汞、砷、镉等含量超标等。用重金属超标的动物源性饲料饲喂动物后,可进一步在动物体内蓄积,进而污染畜禽产品,危害人体健康。

(3) 疫病风险 动物源性饲料产品如果来自疫区带菌、病死畜禽或未经严格消毒加工的副产品原料,常会造成动物疫病扩散和通过食物链导致人类患病。目前,普遍认为疯牛病的大规模暴发的主要原因是牛食用了含有羊痒病朊病毒的肉骨粉所致。

由于动物源性饲料存在上述安全隐患,2001年农业部就下发了《关于禁止在反刍动物饲料中添加和使用动物源性饲料的通知》,2010年2月国务院法制办公布的《饲料和饲料添加剂管理条例(修订草案征求意见稿)》中,也禁止在反刍动物的饲料、饲料添加剂中添加动物源性成分,但乳和乳清除外。

35. 羊饲料中可以添加莫能菌素吗？

莫能菌素，商品名称为瘤胃素，是一种安全的瘤胃调控剂，也是目前欧盟唯一允许使用的抗生素促生长饲料添加剂。羊饲料中添加莫能菌素可以改变瘤胃微生物环境、降低蛋白质的降解、增加丙酸发酵、减少甲烷生成并防止乳酸中毒，从而达到提高增重速度和饲料转化效率的目的。羊日粮中莫能菌素的添加量应由少到多，逐步增加到计划用量，每千克日粮干物质中可添加 25～30 毫克。

36. 羊饲料中需要添加益生素吗？

益生素又被称为益生菌、活菌剂、生菌剂、促生素，我国又称为微生态制剂或饲用微生物添加剂，是采用动物肠道有益微生物经发酵、纯化、干燥而精制的复合生物制剂，可以直接饲喂动物。在动物消化道中，益生素产生的有机酸，如乳酸，可提高日粮养分利用率，促进动物生长，防止腹泻；产生的淀粉酶、蛋白酶、多聚糖酶等碳水化合物分解酶，可消除抗营养因子，促进动物体的消化吸收，提高饲料利用率；合成维生素、螯合矿物元素，为动物提供必需的营养补充。益生素能分泌杀菌物质，抑制动物内致病菌和腐败菌的生长，改善动物微生态环境，提高机体免疫力，同时刺激动物产生对致病菌的免疫力。益生素中的硝化菌，可阻止毒性胺和氨的合成，净化动物肠道微生态环境。

对羔羊来说，饲料中添加益生素可以促进羔羊生长率，提高存活率、饲料利用率和免疫力，减少死亡率。成年羊则瘤胃健全，瘤胃内稳定的微生物可以利用饲料中的纤维素、蛋白质和非蛋白氮，合成供羊体利用的微生物蛋白质、B 族维生素和维生素 K。成年羊具有很强的抗病力，而且通过运动锻炼可提高其免疫力。由于羊胃肠道菌群之间具有竞争排斥作用，益生菌可抑制其他有益菌群的增殖,而且与部分金属盐有颉颃作用,可抑制铜、锌等金属盐的吸收。因此成年羊一般不需要添加。另外,益生素只是一种保健品,不能代替抗生素用于疾病治疗。

37. 羊饲料中添加缓冲剂有什么作用?

正常情况下,羊瘤胃中存有碳酸盐、磷酸盐、钾盐、非蛋白氮等组成的缓冲体系,基本上能够维持瘤胃消化液的中性环境,但在食入易发酵饲料、酸性饲料或突然改变饲料、大量饲喂精料等情况下,特别是在肉羊肥育期、奶羊产奶高峰期,饲喂大量的精饲料,可使瘤胃的pH值显著下降,影响瘤胃内微生物的活动,进而影响饲料的转化,容易出现低乳脂、皱胃变位、拒食等消化功能紊乱情况,致使生产能力下降,甚至出现酸中毒。为了预防上述现象的发生,可在饲料中添加瘤胃缓冲剂。瘤胃缓冲剂包括:豆科牧草(如苜蓿含有丰富的矿物质微量元素,可起到维持瘤胃pH中性环境的作用)、碳酸氢钠、碳酸氢钾、磷酸盐、非蛋白氮、碳酸钙、氢氧化钙、氧化镁、乳清、膨润土等,羊饲料中通常添加的缓冲剂是碳酸氢钠和氧化镁。缓冲剂(以碳酸氢钠为例)可以提高瘤胃pH值和渗透压,中和青贮饲料及精饲料在瘤胃发酵过程中所产生的有机酸,使瘤胃内pH值更接近中性,这样有利于微生物的繁殖以及纤维素和糖类的转化,同时可加强胃肠收缩和蠕动,促进胃内容物向十二指肠运送。碳酸氢钠还可以提高家畜对夏季炎热、饲料突变等环境的应激能力,促进淀粉、蛋白质和纤维素的消化,提高饲料利用率,预防因大量饲喂尿素等非蛋白氮饲料引起的pH值升高和氨中毒。

七、羊群日常饲养管理

1. 山羊和绵羊在生活习性方面有哪些明显差异？

与绵羊相比，山羊有以下特点。

(1) 合群性好，攻击性强 不论是放牧山羊还是舍饲山羊，总喜欢群居，除长期单独拴系饲养的个体外，大群羊一般不单独行动。同群羊对外来羊常常是群起而攻之，大约需要两周时间才能消除敌意；同群羊分群一周后再合群时，会遇到同样的被攻击待遇。

(2) 食量大，食谱广 以体格大小相同的羊作比较，山羊吃的饲草是绵羊的2倍。正常情况下，山羊吃草的容量占身体的25%～40%，最高可达50%～55%；绵羊则占其身体的12.5%～15%，最多达20%。山羊采食的植物种类比牛和绵羊多15%左右。山羊喜食单宁含量较高的灌木及树枝叶，这类饲料可占其食物组成的60%。树木枝叶类饲料可以满足山羊维持和生产营养需要，而只能满足绵羊维持营养需要。山羊采食树木枝叶的多少与季节变化以及可利用饲料种类的多少有关，在旱季山羊喜食灌木，在潮湿季节则喜食禾本科、豆科和杂草类。山羊后肢能站立，有助于采食高处的灌木或乔木的幼嫩枝叶，而绵羊只能采食地面上或低处的杂草。据有关报道，山羊冬季采食树叶量可占日粮的75%，但在春季则不超过15%。有些专家认为，山羊嗜好咸味和甜味，厌食腥味，对苦味有一定耐受性，但这是有限度的。由于春天嫩树叶刚萌发，又有充足的雨水促使迅猛生长，此时树叶苦味较重，山羊的采食量受到限制；而到了秋天，树叶的粗纤维及各种矿物质含量增加，苦味下降，因此山羊更喜欢采食。山羊对栎树单宁的忍耐力比

七、羊群日常饲养管理

绵羊强,其瘤胃内容物中单宁的临界含量为8%~10%,而牛为3%~5%,这是因为山羊瘤胃微生物能够合成较多的可分解单宁的酶。虽然瘤胃单宁酶的含量可随着单宁摄入量的增加而增加,但这种增加也是有限的,这就是长期在繁茂的灌木林地放牧的山羊增膘慢的原因。

(3) 善游走,喜攀登 山羊与绵羊合群放牧时,山羊总是走在前面抢食,绵羊则慢慢地跟在后面低头啃食,山羊每天采食走的路程比绵羊多1/3;山羊可以直上直下60°的陡坡,而绵羊则需要斜向作"之"字形游走。

(4) 机警灵敏,活泼好动 山羊易于训练成特殊用途的羊。当遇兽害或其他伤害时,能主动大呼求救,并且有一定抵御能力。如在施行胚胎移植手术时,山羊需要注射镇静药或麻醉药,否则,会表现出明显的痛苦和不安,甚至用嘴咬它所能触及到的人或物。绵羊则性情温顺,反应迟钝。在危难时,无自卫能力,只会四散逃避,不会群起而攻之;在进行胚胎移植手术时,即使不使用任何镇痛药,也表现得较安静。

(5) 生物钟表现不强烈 在每天定时投放精饲料的舍饲羊场,绵羊会在等待精料投放时哞叫不止,而山羊通常只是伸长脖颈观望,而不哞叫。

(6) 适应性和抗病力强 在干旱贫瘠的山区、荒漠地区和高温高湿地区,山羊的生产力虽然受到一定影响,但不危及生命,绵羊却往往难以生存。当然,不同生产用途的山羊品种对环境的适应性也有较大差异。就同一个地区而言,土种山羊的适应性高于培育品种,绒山羊和普通山羊适应性高于奶山羊,肉山羊的适应性最差。但在高寒气候条件下,短毛山羊品种的适应性低于大多数绵羊品种。放牧山羊对普通病和寄生虫病的抵抗力高于绵羊,由于山羊以采食虫卵较少的灌木树叶和牧草顶端部为主,而且善于游走,因此,患内寄生虫病和腐蹄病较少。

(7)重亲情 相关人员对布尔山羊观察,6~8月龄的羔羊与母亲分别半年后,相见仍能相识,即使羔羊已长大有了自己的孩子,也常常与母亲卧息在一起。同窝姊妹之间的亲情也可保持一生,即使那些攻击性较强的个体,对自己同窝的姊妹却表现得较为友善,极少攻击。

(8)喜清洁卫生 在正常情况下,山羊不会选择其他羊刚采食过的牧草,拒绝饮用被污染的水。但长期舍饲或在不良环境下饲养的山羊也会变得不那么清洁卫生;而绵羊从来就不像山羊那么爱清洁,它们会采食其他羊刚采食或践踏过的牧草,因此容易感染消化道疾病或寄生虫病。

(9)发情表现较明显 绵羊较安静。

2. 山羊和绵羊在饲养管理方面应有哪些差异?

由于山羊与绵羊的生理特点有差异,在饲养管理上也应有所不同。

(1)放牧场地的选择应有差异。山羊可在崎岖不平的山地或灌木林地放牧,并可做灌木林地的清道夫。绵羊则要选择地势较平缓的着生各种豆科和禾本科牧草的草牧地放牧,如果常年在灌木林放牧,会越放越瘦。

(2)绵羊不宜与山羊同群放牧。由于山羊机智灵活,善游走,行进速度快,绵羊如果跟随山羊行走,采食的数量和质量都会受到一定影响。

(3)各种树木枝叶可占到山羊日粮的60%以上,绵羊则以不超过20%为宜。

3. 环境温度过高对羊有什么危害? 如何防止羊的热应激反应?

环境温度过高对羊的健康不利。在持续高温条件下,羊机体热平衡很容易被破坏,进入病理状态:皮肤血管扩充,体温升高,呼吸和心跳频率加快,采食量下降,饮水量增加,生活力和生产力均受到明显影响。

高温季节羊的采食量和消化率均有下降,为防止羊的这种热应激反应,可采取以下措施。

第一,通过增加饲喂次数、提高饲料的适口性来增加采食量,从而提高其生产性能。

第二,调整日粮,减少饲料中的粗纤维含量,使其控制在10%左右。因为羊消化道产生的热量随粗纤维含量的增加而增加。在高温环境条件下,采食高粗纤维饲料的羊的直肠温度、呼吸次数、心率都高于采食低粗纤维饲料的羊。

第三,可在配合饲料中添加缓冲剂。因为在高温季节,羊的呼吸加快,呼出大量的二氧化碳,血液pH值下降,引起代谢性酸中毒。饲料中添加0.5%~2%的碳酸氢钠可以减缓或消除这种影响。

4. 环境温度过低对羊有什么危害?

(1)采食量增加,生长速度减缓 温度过低,羊需要摄取大量营养,增加体内的热能产量,以补偿过多的热散失,影响正常生长发育。据报道,家畜在-10℃时,比在1℃时散失的热能要高28%,气温在4℃以下时,增重约降低50%,每千克增重的饲料消耗量比在最适宜温度时增加2倍。

(2)饲料营养利用率下降 羊在受冷时自动减少饮水量,使体内总水量下降,血液的渗透压上升。寒冷使瘤胃、网胃的活动增强,缩短了食物在其中的滞留时间,因此食物的表观消化率下降。

(3)影响母羊的产奶量 在寒冷环境条件下,母羊乳房不能正常吸收葡萄糖,而葡萄糖是合成乳糖的主要原料。因此,在冬季,必须给羊群提供干燥、温暖的圈舍,并注意能量饲料的供给。

5. 空气流通对羊的健康有什么影响？

在夏季，气流有利于蒸发散热和对流散热，对羊的健康与生产力具有良好的作用。而在冬天，环境空气流速过快对羊只健康不利。因为气流增大，会显著提高散热量，加剧寒冷对羊机体的不良作用，使羊只能量消耗增加，生产力下降。对羊最不利的是"贼风"、"邪风"。如果圈舍门窗关闭不严，往往有贼风直入，而使羊只患病。《元亨疗马集》曰："贼风者，暗箭也，当慎避之，……风伤肺"。

环境空气污浊对羊的健康影响也很大。在高密度舍饲条件下，羊舍内空气中有害气体，如氨、硫化氢和二氧化碳的含量会不断增加，使羊的抗病力下降。如果圈舍中硫化氢含量很高时，会损害羊的神经系统和呼吸器官，尤其是初生羔羊对不良气候最为敏感，很容易受条件性的病原微生物感染。在空气潮湿的圈舍内，如果通风不良，水汽不易逸散，氨的含量会更高。由于氨易溶于水，在圈舍内，氨常被溶解或吸附在潮湿的地面、墙壁表面，也可溶于羊体黏膜上，使羊产生刺激或损伤，引起羊的眼结膜充血、发炎，甚至失明。氨吸入呼吸道后，可引起羊咳嗽、打喷嚏，上呼吸道黏膜充血、红肿、分泌物增加，甚至引起肺部出血或发炎。因此，保持环境空气的正常流通是非常重要的。

6. 环境潮湿对羊有什么危害？

羊舍适宜的空气相对湿度为 60%～75%，但不合理的圈舍结构和管理方法常常造成羊舍过度潮湿。圈舍空气过度潮湿使羊体水分蒸发受到抑制，影响机体散热。高湿环境有利于致病性真菌、细菌和寄生虫的繁殖与滋生，使羊的患病几率上升。低温高湿对羊的危害较大，因为，在低温条件下，空气中过多的水分可增加空气的热容量、导热性以及放出的长波辐射，从而加剧羊体的寒冷感。在这种条件下,羊即使接种了高效疫苗,也不能形成持久的免疫性。高温高湿可导致羊体温升高,采食量下降,胃肠器官的发酵、内分泌和运动功能均受到不同程度的抑制。其结果是:营养物质的利用率降低,糖原形成减少,肝脏抗毒素功能破坏,血液pH值下降。据报道,当环境温度达到30℃,相对湿度从30%上升至90%时,羊的日增重下降19%;当环境温度达到35℃,相对湿度从20%上升至80%时,羊的日增重下降32%,单位增重饲料消耗量增加27%。由此可见,高温高湿环境对羊体的健康十分不利,保持圈舍干燥是非常重要的。

7. 海拔高度对羊的健康有什么影响?

不同海拔高度上的气温、气压、供氧、降水量以及湿度都不相同。当海拔高度升至3000米时,空气的含氧量减少31%;当海拔高度升至5000米时,空气的含氧量减少47%。动物吸入的氧气与体内的糖、脂肪和蛋白质一起随血液送到体内的每一个细胞中,进行氧化、产生能量,满足机体需要。在正常情况下,健康家畜的动脉血中,大约有95%的血红蛋白与氧结合;当海拔升至3000~4000米时,有85%~90%的血红蛋白与氧结合;当海拔升至5000~6000米,有71%~75%的血红蛋白与氧结合;当海拔升至8000米以上,只有不到50%的血红蛋白与氧结合,此时可危及动物的生命。缺氧首先会引起动物肺血管的收缩,引起肺动脉高压,心脏的负荷就会加重,最终导致肺心病和心力衰竭。缺氧不仅会严重损害呼吸系统,还可损伤组织细胞,使整个组织细胞的生物合成、分解等反应减少。

因此,将低海拔地区的羊引到高海拔地区时,羊会出现高山反应:皮肤、口腔和鼻腔等黏膜血管扩张,甚至破裂出血。机体疲乏,呼吸和心跳加快,甚至死亡。

8. 光照对羊群健康有什么影响？

虽然强烈的热辐射可引起羊热射病，但缺乏阳光照射同样对羊只健康不利。适度的光照可增强羊只的抵抗力，提高羊只的精神和灵活性，使血液钙、磷合成增强，保证其骨骼生长良好。光照对羊的繁殖有明显影响，进入秋季以后，光照时间由长变短，母羊开始发情、排卵，公羊的精液品质也在秋季长光照期最好。光照还影响山羊绒的生长，在秋季光照由长变短时，羊绒开始生长，随着光照时间的递减，羊绒生长速度加快。冬至后，光照时间由短变长，羊绒生长速度减缓并逐渐停止生长。

9. 羊群放牧有什么好处？

放牧作为草地畜牧业的主要经营形式具有一定合理性。

第一，有利于降低饲养成本。放牧可使廉价的天然牧草资源得到转化和利用。羊在放牧条件下，劳动力和用于饲料生产等方面的费用要比舍饲低 50%～70%，因此，可降低羊产品生产成本和增加养殖利润。

第二，有利于改善羊健康状况、繁殖性能和产品品质。生命在于运动，适当的运动有利于羊的身体健康，繁殖性能的提高。放牧羊主要以未受工业尘埃及农药污染的杂草为生，加之本身抗病力强，很少使用抗生素等有残毒的药物，因此其羊肉较安全、卫生。与草地牧草相比，舍饲羊采食的作物秸秆等农副产品或农产品受污染的机会较多，无污染羊肉的生产难度较大。

第三，有利于天然草地牧草的再生。牧草植物的衰老组织不仅不能进行有效的光合作用，而且呼吸消耗植物的营养资源，并因遮荫而阻碍下部枝条的产生和生长。当这些衰老组织经放牧除去后，有利于植物的再生。另一方面，大量的研究表明，当动物采食去除了顶端后，植物很可能会发生超补偿生长，即去除了顶端生长点的植物产量高于未去除过的植物。动物的合理采食还可以刺激被食植物的种子产量、生物学产量、无性繁殖器官的数量、分蘖密度等的增加,从而增加了某些植物种子的生产力、生命力、繁殖潜力。

第四,有利于营养物质的再循环。土壤中营养物质的可利用性是植物生长的一个重要条件。在大多数情况下,土壤养分总是处于有限供应状态。在不被放牧的条件下,植物残体的分解速度较慢,土壤中可利用养分含量较低。当有动物放牧时,大部分被食植物组织以粪尿形式返还草地。这个"采食—排泄"过程加速了土壤—植物系统的养分循环,有利于再生。因此,动物采食可通过提高土壤肥力而诱导植物的超补偿生长。

第五,有利于维持生物的多样性。草原工作者通过对草地地上部分的研究证明,如果采取合理的放牧措施,草地条件的良性转化仍然是可能的。家畜对牧草的啃食会促进植被的长期繁茂,并可维持草原生态系统生物物种的多样性。疏林区的繁茂牧草不被动物利用,不仅造成牧草资源的浪费,而且容易滋生病虫害和引起火灾。

10. 如何处理羊群放牧与生态环境保护的关系?

(1) 控制载畜量 曾经有专家研究证明,在不同的自然植被上进行不同程度的放牧,若草地利用率超过产草量的 45%～50% 时,易引起牧草组成的破坏,家畜喜食的优良牧草逐渐减少,甚至消失,而不喜食或不宜食的杂草、毒草相应增多;反之,如果牧草的利用率低于产草量的 40%～45% 时,植被的组成与产量均有所改善,而且能够获得较高的养殖效益。因此,不论是新养羊区,还是传统放牧饲养区,都应制定区域规划,严格控制载畜量,因地制宜,以草定畜,轮区放牧。另一方面,在入冬前,严格淘汰非繁殖用羊,以减缓草场压力。

(2) 发展季节性羔羊肉生产 冬末与早春季节出生的羔羊,可以利用夏、秋季生长旺盛的牧草,实现较快的生长速度。也可采取放牧加补饲、放牧饲养后短期舍饲肥育等方法,使羔羊在寒冷季节到来前,体重达到上市标准。这样,一方面可减缓冬、春季节草场压力,将有限的牧草留给繁殖母羊,另一方面,可为市场提供优质羔羊肉,满足生活水平不断提高的人们的肉食需求。

(3) 品种良种化 引入良种,普及良种,改良提高当地羊的产肉性能。我国原有的绵、山羊品种大多数生长缓慢,通常在18月龄后上市,而且胴体小、肉质差,养殖效益低下,造成了牧草资源的极大浪费。而引进的良种肉羊品种,如萨福克、杜泊和布尔山羊等6月龄体重可达到30千克,此时上市的羔羊不仅可为市场提供具有竞争优势的优质羔羊肉,还可节约大量的饲料资源,减轻草场压力。

(4) 大力发展人工草地 虽然草地作为可更新自然资源具有很大的生产潜力,但人工草地上的载畜量、单位草地肉产量、肉质量均大大高于天然草地。草地畜牧业发达国家的经验是:人工草地面积占天然草地面积的10%,畜牧业生产力比完全依靠天然草地增加1倍以上。因此,人工草地的数量和质量已成为畜牧业现代化的重要指标之一。

11. 放牧羊群需要补饲吗?

放牧饲养成本低是相对的,而不是绝对的。在良好的草场上有计划地放牧,羊可以采食到足够的营养,生产出市场畅销的优质羊产品,同时也不引起草场退化。但对于牧草资源贫乏或冰雪覆盖的寒冬来说,羊在放牧过程中,不但采食不到足够的营养物质,还会因艰难的行走而消耗大量的体力。因此,以放牧为主的羊群,冬、春季节必须补充一定量的精饲料和优质青干草。

12. 羊采食哪些植物会出现生物碱中毒？

植物性饲料除了含有一定量的蛋白质、脂类、碳水化合物、矿物质、维生素和一些家畜有机体正常生理所必需的生物活性物质外，还含有某些有害物质。人们往往只重视其营养成分的数量和质量，而忽略其有害成分含量及其对动物的危害性。事实上，许多植物都会含有有毒成分，可导致羊中毒。各种有毒物质或影响羊的正常生长发育或损害某些组织器官，急性中毒时可致羊在数分钟内死亡。

易产生生物碱中毒的植物有很多：①黄花羽扁豆、窄叶羽扁豆、白花羽扁豆的种子和茎秆中含有羽扁豆生物碱类，这类植物种子中生物碱的含量高达 0.3%～1.08%，家畜摄入过量的羽扁豆生物碱会出现肝病、神经综合征和幼畜畸形病。②多年生黑麦草和多花黑麦草含有 0.02%～0.05% 的佩洛灵，其幼苗和嫩枝的含量达 0.1%～0.25%。干草中含有较多的组胺，其含量达 20 微克时，可引起家畜强直症。另外，苇状羊茅和牛尾草中也含有一定量的佩洛灵，家畜采食后也会出现中毒症状。③聚合草含有聚合草素、聚合草醇碱、向阳紫草碱等，总含量为 0.2%～0.3%，其中聚合草素占生物碱总量的 1/4，含量高而毒性大，主要损害肝脏。④马铃薯含有茄碱，以浆果含量最高，占鲜重的 0.56%～1.08%，嫩枝次之，含量为 0.37%～0.73%，茎叶和花含量也较高，大量饲喂家畜会引起胃肠炎和中枢神经系统麻痹。成熟块茎含量极微，不会引起家畜中毒。⑤紫云英含有葫芦巴碱，用新鲜茎叶或干草大量饲喂家畜均可引起中毒。⑥紫花苜蓿含有高水苏碱和水苏碱。⑦箭舌豌豆的种子和花中的野豌豆碱和原野豌豆碱对家畜都有一定危害。

生物碱中毒目前无特异解毒剂。中毒早期，可用 0.5% 鞣酸溶液或 0.5% 高锰酸钾溶液进行洗胃，同时配合静脉注射 5% 葡萄糖溶液、5%葡萄糖生理盐水或复方氯化钠注射液。

13. 羊采食哪些牧草会出现氢氰酸中毒？羊为什么不能采食高粱苗和玉米苗？

据统计，含有氰苷的植物达75种以上。除了高粱苗和玉米苗外，苏丹草、白三叶、箭舌豌豆、毛苕子、木薯、拟高粱、蒋森草均含有氰苷，以幼苗和再生苗中含量最高，如果含量超过200毫克/千克饲料，家畜采食后可引起组织缺氧而呼吸窒息。百脉根和白三叶草含有百脉根苷和少量的亚麻苦苷；木薯全株也含有亚麻苦苷和百脉根苷，以块根皮含量最多，达44.3毫克/100克；箭舌豌豆含有野豌豆苷，氢苷含量以青荚期最高，茎叶为0.48微克，种子为1.30微克，家畜采食后出现慢性中毒；蔷薇科植物中杏、梅、桃、李、枇杷、樱桃等的叶片和核仁中均含有苦杏仁苷，家畜大量采食后可引起中毒。此外，毛苕子、燕麦、多年生黑麦草、大黍、象草、玉米等也含有一定量的氰苷，饲喂时应予以注意。氰苷本身无毒，但含有氰苷的植物被动物采食、咀嚼后，其组织遭到破坏，在有水分和适宜的温度条件下，氰苷经过伴存的酶的作用，水解产生氢氰酸。羊由于瘤胃微生物的作用，无需特殊的酶亦可将氰苷水解成氢氰酸。

急性氢氰酸中毒在采食后15～20分钟即可出现症状，表现为：呼吸困难，可视黏膜呈鲜红色，肌肉痉挛乃至角弓反张，全身或局部出汗，瘤胃臌气。随后精神沉郁，站立不稳或卧地不起，窒息死亡。中毒严重的动物在15～20分钟，甚至数分钟内死亡。

因此，羊应尽量避免采食高粱幼苗和玉米幼苗，特别是再生苗。对中毒羊只，可先静脉注射1%～3%的亚硝酸钠溶液（羊总量约1克），再注射5%～10%硫代硫酸钠溶液（羊总量为2～3克）。为了争取时间，可将两种药混合静脉注射。若症状未见缓解，一小时后再重复注射半量或全量硫代硫酸钠。亚硝酸盐容易引起高铁血红蛋白症,故剂量不宜过大,且不宜重复给药。在中毒早期,可内服10％硫代硫酸钠或1％硫酸亚铁溶液,也可用亚甲基蓝与硫代硫酸钠配合使用或大剂量静脉注射高渗葡萄糖溶液。

14. 羊采食哪些牧草容易发生瘤胃臌胀病?

瘤胃臌胀病也叫瘤胃臌气,根据病因可分为原发性和继发性两种。原发性瘤胃臌气是由于羊在短时间内采食了大量富含皂素的豆科牧草或易发酵的饲料,如幼嫩的苜蓿等豆科草或麦苗、酒糟以及霜冻的多汁饲料或腐败变质的饲料等。继发性瘤胃臌气多见于食管阻塞、前胃迟缓、瓣胃阻塞等消化道疾病和羊肠毒血症、羔羊痢疾等传染病。其中以植物皂苷引起的羊原发性瘤胃臌胀病较常见。

皂苷广泛存在于植物的叶、茎、花和果实中,其中以苜蓿含量最高,紫花苜蓿全株的皂苷含量达0.5％~3.5％,以根含量最高,叶次之,茎最少。生长期的幼嫩苜蓿皂苷含量较高,随成熟期的推移而呈下降趋势。多施氮肥的苜蓿中皂苷含量较少。红三叶和白三叶的皂苷含量为0.23％。其他植物如大豆、花生、菜豆、羽扁豆、豌豆、鹰嘴豆、草木樨、油菜饼及甜菜也含有皂苷,但其含量远远低于苜蓿。

皂苷具有降低液体表面张力的作用,当反刍动物采食单一或大量的富含皂苷的植物时,皂苷在瘤胃与水形成大量的持久性泡沫,夹杂在瘤胃内容物中,当泡沫不断增多、阻塞贲门时,使嗳气受阻,瘤胃臌气。因此,应禁止羊采食单一或大量的富含皂苷的植物,严禁阴雨天或有露水时在幼嫩苜蓿地上放牧。一旦发生瘤胃臌胀病,应立即灌服消气灵或植物油,严重时需进行瘤胃穿刺排气。

15. 羊采食哪些牧草会出现亚硝酸盐中毒?

许多牧草和饲料作物都含有硝酸盐,如甜菜、马铃薯、甘薯、牛皮菜、燕麦、玉米、苏丹草等。马铃薯茎叶的硝酸盐含量可达4.7%,燕麦干草的含量为2.5%~7%,苏丹草在不施氮肥的情况下,整个生长期的硝酸盐含量都超过0.15%。新鲜叶菜类饲料的亚硝酸盐含量较低,只在黄化、干旱时,植株内的亚硝酸还原酶活性较低,亚硝酸盐含量才上升,羊采食受旱玉米会发生亚硝酸盐中毒。硝酸盐在调制不当或瘤胃微生物的作用下转变为亚硝酸盐,从而引起机体严重缺氧、呼吸中枢麻痹、窒息死亡等急性中毒,也可引起胎儿死亡、流产。因此,青绿饲料宜新鲜生喂,不要堆积发热或堆放过久,如果腐烂变质,严禁饲喂动物。需要熟制时,宜大火蒸煮,凉后即喂,不要小火焖煮。羊只一旦发生亚硝酸盐中毒,可按1~2毫克/千克体重的剂量静脉滴注或肌内分点注射1%亚甲蓝(亚甲蓝1克,溶于10毫升乙醇中,再加入生理盐水90毫升),也可用甲苯胺蓝,按5毫克/千克体重剂量静脉注射或肌内、腹腔注射。

16. 羊采食哪些饲料后容易出现皮肤过敏?

羊采食含有光敏物质的植物后,会发生以皮肤无色部位出现红斑皮炎为主要临床症状的类变态反应病。荞麦的种子、茎叶和花中的荞麦素是一种荧光色素,其中以种子外壳及开花期茎叶含量最高。荞麦苗所含的原荞麦素,在阳光下转变为荞麦素。采食荞麦的家畜在日光照射下,无色素部位皮肤会出现"荞麦疹"。金丝桃属植物中的金丝桃素和春欧芹中的呋喃香豆素属于光敏物质。寄生在植物上的蚜虫体内含有光敏物质,动物大量采食寄生蚜虫的牧草、菜叶类饲料后会出现过敏反应甚至死亡。除此之外,采食苜蓿、红三叶草、杂三叶草、灰菜等也可引起动物过敏。

七、羊群日常饲养管理

目前对光敏物质仍无特异性解毒剂。发病羊只应立即停止饲喂可引起过敏的饲料或离开放牧地,进入阴暗处,避开阳光直射。严重时可用抗过敏药物,如肌内注射苯海拉明、异丙嗪等药,静脉注射 10% 葡萄糖酸钙或 5% 氯化钙。

17. 羊为什么不宜吃露水草?

因露水草带有许多病原菌、寄生虫及其虫卵,也有寄生虫的中间宿主,如螺蛳、蜗牛、蚯蚓等,羊采食后容易感染寄生虫病;另外,在秋冬季节,露水草的温度较低,羊采食后会对胃肠产生强烈的刺激,引起肠痉挛、腹泻等。

18. 羊群为什么不宜长期在河渠边放牧?

一般来说,河渠边牧草长势好,但营养价值较差。另外,河渠边草带有许多病原菌、寄生虫及其虫卵,也有寄生虫的中间宿主,如螺蛳、蜗牛、蚯蚓等,羊采食后容易感染寄生虫病。

19. 公、母羊混群饲养有什么危害?

公、母羊混群饲养易出现近交问题。在育种过程中,为了固定优良性状、保持优良个体的血统、提高羊群的同质性、揭露有害基因等,通常采用近交手段,但其目的明确,而且对近交个体有一定选择性,即整个过程是在人们的控制范围之内。而混群饲养中出现的近交缺乏计划性和选择性,因此容易出现近交衰退现象。其表现是:近交羊各生理活动以及与适应性有关的各性状都比近交前有所下降。如繁殖力减退,死胎和畸形增多,生活力下降,适应性变差,体质变弱,生长缓慢,生产力降低。国外专家对苏格兰山地绵羊进行的近交试验表明:近交母羊的生活力由 92% 下降至 74%,窝产羔数由 1.73 只下降至 1.26 只。在一个近交世代之后,羔羊的生活力由 95% 下降至 74%,羔羊的断奶体重由原来的

28千克下降至13千克左右。可见公、母羊混群饲养的损失之惨重。

20. 舍饲羊群为什么会出现"大腹羊"?

在舍饲条件下,羊群容易出现"大腹羊"。其原因是:①饲喂方法不当,如在精料喂完后马上又喂多汁饲料或饮水,使羊胃严重扩张,逐渐变成"大腹羊"。②羊只打架时损伤到腹膜,致使胃肠直接进入皮下。经调查发现,在舍饲绒山羊场,尤其在缺乏放牧运动的山羊场,因打架受伤而导致的"大腹羊"并不少。

21. 怎样防止羊群争斗?

羊具有明显的弱肉强食特点。如果羊群中有一只病弱羊,许多羊都会攻击它,甚至出现许多羊同时攻击一只病羊的情况。羊还可根据气味和外形辨认同伴,攻击外来羊只。不论外来羊只是强是弱,全群都可能发起进攻,这种攻击会持续一到两周。甚至同群的羊只因某种原因被隔离一、两周,再回到原来的群体时,同样会受到攻击。山羊间的争斗与绵羊相比更为严重,同群羊只在采食精料时,体质健壮的个体经常向弱小个体发起进攻。有的母羊突然从一侧或背后向另外一只母羊发起攻击,常将对方的腹膜顶漏,严重时将腹部皮肤和腹膜一起顶穿,致羊死亡。腹膜破损较小的羊虽然没有生命危险,但随着腹部压力的增加和时间的延长,腹膜破损面积会越来越大,以至影响到羊的正常卧息。

防止羊群争斗的措施是:①应尽量保持羊群的稳定性,不要随便打乱羊群组成。②对于羊群出现的病弱羊应及时隔离予以特别照顾。③去掉羊角,可使羊只变得更加温顺。④饲槽上方安装颈架。在给羊群喂料时,可将颈架放下,将每只羊固定在一定的位子上,使其均匀进食,可避免发生争斗现象。

22. 运动对羊群重要吗？

生命在于运动。适当的运动可以促进羊的新陈代谢，增强体质，提高抗病力，增进食欲，促进消化吸收。哺乳期羔羊适当运动不仅可以增加食欲，帮助消化，还有利于提高成活率和生长率，减少腹泻病的发生；青年羊适当运动，有利于骨骼的发育。运动充足的青年羊，胸部开阔，心肺发育好，消化器官发达，体格高大；母羊妊娠前期适当运动，可以促进胎儿的生长发育。妊娠后期坚持运动，可以预防难产。产后适当运动，可以促进子宫提前复位；肉羊适当运动，可以增强心脏功能，减少心脏疾病发生；奶山羊适当的运动，可增加食欲，提高产奶量；种公羊适当运动，则性欲旺盛，精液质量和母羊受胎率提高。

无放牧条件的羊群每天应进行 2~4 小时驱赶运动。但羊群的运动量并不是越大越好。运动量过大，体能消耗严重，影响生长速度，剧烈运动还可致羊死亡。严寒、风沙和炎热天气要减少运动量或停止驱赶运动和放牧。

23. 种公羊的饲养管理应注意哪些问题？

种公羊要求常年保持中上等膘情，健壮的体质，充沛的精力。种公羊的饲料首先要求营养全面、适口性好、容易消化，精、青、粗搭配适当，蛋白质的生物学价值要高。饲料成分要保持相对稳定，使瘤胃中的各种微生物正常活动不受破坏，羊只能更好地吸收和利用饲料营养，保持良好的体况。其次要注意精、粗饲料的合理搭配，不宜饲喂过量的能量饲料，以免过肥。富含蛋白质的精料是种公羊的良好饲料，有利于精液的生成。但蛋白质饲料属于生理酸性饲料，喂量过多易在体内产生大量有机酸，对精子的形成反而不利。青贮饲料属于生理碱性饲料，但本身含有大量有机酸，多喂同样有害。因此在日粮搭配上，要保证优质豆科干草的供给量、控制玉米青贮喂量。维生素、食盐和钙、磷等矿物质元素对促进消化功能、维持食欲和精液品质也很重要，必须按量供应。

种公羊日粮必须根据季节温度的变化进行调整。在寒冷的季节需要较高的能量饲料；而在炎热的夏季，日粮中的能量、蛋白质及干物质的摄入量都应适量减少。日粮应由高质量的禾本科、豆科干草、块根（最好是胡萝卜）以及少量青贮组成。种公羊在配种前1～1.5个月要开始增加精料喂量并进行采精训练，同时检查精液品质。开始一周采精1次，以后增加到一周2次，到配种时每天可采1～2次，1.5岁种公羊，每天采精1～2次，2岁以上的成年公羊每天可采精3～4次，每周休息1～2天。公羊在采精前不宜吃得过饱，以免影响采精效果。

种公羊还要注意保健运动。饲养人员除了经常给公羊修剪蹄甲、梳理被毛、按摩睾丸外，还要定时驱赶公羊运动，舍饲公羊每日驱赶运动时间不低于4小时左右（早、晚各2小时），以保持旺盛的精力。

种公羊一般好斗、好动，尤其在配种季节，公羊之间相互打架，体力消耗较大。圈舍离母羊群太近，影响采食。因此种公羊应单圈饲养且远离母羊群。

24. 育成羊的饲养管理应注意哪些问题？

育成羊是指羔羊断奶后到第一次配种的羊。刚断奶的羊应当单独组群放牧或舍饲，为了保证其正常生长，需要继续补充精料，并给予特别关照，可选择繁茂的草场放牧。在冬、春季节，除放牧采食外，还应适当补充青干草、青贮饲料或块根块茎饲料。育成羊处于生长发育阶段，饲养管理不善不仅会影响羊只的生长发育和性成熟，而且可能使其失去种用价值。如日粮中长期缺乏钙磷或钙磷比例失调或维生素D不足，不仅影响生长，而且易出现佝偻病。维生素A不足，则出现皮肤组织角质化，神经系统退化，性功能不良,易感染疾病等。运动量不足也影响其健康发育。因此,必须给予足够的营养保障和适当的运动锻炼。

25. 妊娠母羊的饲养管理应注意哪些问题?

(1) 加强营养 母羊妊娠前3个月,胎儿发育较慢,营养的需要量无明显增加,但饲料质量要好。在良好的放牧条件下,母羊可补饲少量精料或青干草,如果能延长放牧时间,保证羊日食三个饱,可以不补饲。母羊妊娠后两个月为妊娠后期。这一阶段,胎儿发育较快,羔羊初生重的80%~90%是在这一阶段完成的,因此对妊娠后期的母羊不仅要饲喂足够的蛋白质饲料,还要补充钙、磷及其他矿物元素和脂溶性维生素,尤其是对多产母羊更要注意营养的合理搭配和补充。如果母羊缺乏营养,会出现流产、死胎、羔羊初生重小、成活率低或母羊产后瘫痪、缺奶等现象。对于放牧羊群,这一阶段,除了抓好放牧管理外,还应补饲0.4~0.6千克混合精料,夜间补饲优质青干草,任其自由采食。舍饲羊群更应该精心管理,青干草应以优质豆科牧草为主并能实现多样化和自由采食,混合精料的饲喂量应则根据青干草的质量和饲喂量而定,一般为0.5~0.6千克。如果缺乏优质青干草(如苜蓿干草),每日应补胡萝卜1千克左右。对怀双羔母羊,还应适当增加精、粗饲料饲喂量。

(2) 提供相对稳定而舒适的饲管环境 不要突然改变日粮组成、群体结构和饲养场所。圈舍要保持清洁、干燥、通风良好,冬暖夏凉。羊群出入道畅通而不会发生拥挤。

(3) 保持饲料与饮水清洁 严禁饲喂冰冻、霉变和劣质饲料,严禁饮用冰冻水,保证羊群自由饮水。

(4) 防止应激反应 严禁剧烈运动和惊吓刺激。除在产前20天左右接种羔羊痢疾苗外,尽量避免接种其他疫苗和使用驱虫药物。

26. 母羊妊娠期间哪些药物不能使用？

有些抗生素药物对胚胎有一定的毒性和致畸作用,如链霉素、三甲氧苄氨嘧啶以及磺胺类药物等。大多数抗寄生虫类药物对胚胎有一定毒害作用,如生产中常用药物丙硫苯咪唑具有抗有丝分裂作用。在胚胎发育期给妊娠动物用药,可诱发胚胎毒性和致畸效应。碘醚柳胺对反刍动物肝片吸虫和血矛线虫病具有很高的疗效,而且毒性小、作用持久。但近年来研究发现,碘醚柳胺对受孕动物的胚胎有明显的毒性作用,高剂量使用会影响胎儿的发育,对人也可能产生间接影响。因此,母羊在配种期、妊娠期、泌乳期及屠宰前禁止使用对胚胎有一定毒副作用的抗生素和驱虫类药物。另外,平滑肌兴奋药可引起流产,激素类药物(如前列腺素具有溶解黄体作用)可使胚胎失去生存的环境,催产素可刺激子宫分泌前列腺素 F_2 而引起黄体溶解,服用镇静药(如苯巴比妥、安定等)可引起早期胎儿多种畸形。所以,母羊在妊娠期也应禁用这类药物。

27. 母羊妊娠期间能否接种疫苗？

母羊妊娠前期不能接种疫苗,妊娠中期和后期可以接种反应较轻的组织灭活苗。疫苗作为抗原,在羊体接种后,被吞噬细胞所吞噬,同时也激活吞噬细胞,产生和释放内生性致热原,进入血液,与下丘脑前部体温调节中枢的温度感受神经元相互作用,下丘脑产生前列腺素(或有可能通过单胺和离子平衡改变),通过下丘脑后部传递到血管运动中枢,沿交感神经纤维使外周血管收缩和减少散热;同时传递到寒颤中枢,使之兴奋发生寒颤,产热增多。结果体温上升,形成发热。发热可致妊娠早期胚胎变性、死亡。

28. 怎样计算母羊的预产期？

羊的妊娠期一般为 150 天左右。母羊妊娠后,为做好分娩前的准备工作,应推算产羔期,即预产期。推算办法是:配种月份加5,配种日期减2。如果配种月份加5超过12个月,将年份推迟一年,即把该年月份减去12个月,余数就是来年预产月。如一只母羊于2002年10月8日配种,预产月为(10+5)-12=3月,预产日为8-2=6日,这只母羊的预产期就是2003年3月6日。

29. 怎样给母羊助产?

一般来说,绵、山羊的分娩较其他家畜容易,尤其是放牧羊很少出现难产。因此,在正常情况下,人们不必过多地干涉。但在舍饲条件下或羊体况较差时易出现难产,通常为了保证母羊和羔羊的安全,分娩前应做好助产的准备工作。助产人员应随时注意监视母羊的分娩情况,护理好羔羊。

(1) 助产前的准备

①分娩栏的准备 在集中舍饲条件下,应在舍内创设专用分娩栏,并对分娩栏进行严格消毒,铺上干燥、清洁的垫草。将有分娩征兆的母羊放入,一只母羊应占有2米^{2}的面积,产前的母羊可饮淡盐水或喂给麸皮等轻泻性的饲料。

②助产用具的准备 应备好接产箱,箱内应备有碘酒、药棉、线绳、剪刀、毛巾、纱布条等用品。

③助产人员的准备 助产人员应受过专门培训,熟悉母羊分娩生理规律。

④待产羊处理 将待产羊的外阴部清洗干净并予以消毒。

(2) 助产方法

①助产准备 当母羊出现分娩征兆后,注意做好产前的准备工作,助产人员要剪短指甲、洗净手臂并予以消毒。有条件的可戴上长臂乳胶手套,观察母羊分娩进程,检查胎位是否正常。

②难产处理 胎位不正时,可先将胎儿露出部分推回子宫,再将母羊后躯抬高,手伸入产道,矫正胎位,随着母羊努责,拉出胎

儿。胎儿过大时,可将两前肢反复拉出和送入,然后拉出。

(3)助产时的注意事项 ①在矫正和牵引过程中,一定要分清羔羊的前后肢或双羔不同胎儿的前后肢。必须保证所牵引的是同一胎儿的前肢或后肢。②助产过程中,如果发现产道干燥,可向子宫内注入消毒过的温肥皂水,并在产道内涂上无刺激性润滑油剂,然后再进行牵引救助。③如果确因胎儿过大而不能拉出,可采用剖腹术或截胎术。④助产完成后,向子宫送入抗生素,并肌注缩宫素。

30. 产后母羊的护理应注意哪些问题?

(1)检查胎衣是否完整,有无病变。

(2)产房应保暖、防潮,避免贼风,预防感冒,使母羊安静休息。

(3)产后1~2小时,给母羊饮用加少许食盐和麸皮的温水、米汤或豆浆,切忌饮冷水。3天之内饲喂质量好、易消化的青干草,减少精料喂量,以后逐渐转变为饲喂正常饲料。

(4)这期间,要仔细检查母羊的乳房有无异常或硬块,发现问题及时解决。

31. 春季羊群饲养管理应注意什么问题?

春季是羊最难熬的季节。经过冬季枯草季节,羊会普遍出现膘情下降现象,如果此时再遭受营养缺乏,体质将会迅速下降,产羔母羊会出现缺奶、弃羔现象,产双羔或多羔母羊的情况更糟糕,母仔都会出现乏弱、死亡现象。乏瘦羊只体质下降,体内寄生虫和病菌会乘虚而入,一场病害灾难会随即暴发。

春季气候变暖,牧草开始萌芽,放牧羊群经常因"跑青"而消耗大量体力致死。因此,放牧时,要选择背风向阳、水源较好的低凹处,采取顶风出牧、顺风归牧的放牧方式,尽量缩短放牧距离,防止体力消耗。为了防止羊群抢青,出牧前应先给羊喂一定量的干草和精料,待羊的胃肠功能适应了青草后再转入全天放牧,全天放牧羊群也应在出牧前适当补饲,这样既可防止羊群因"跑青"掉膘,又能防止羊只因采食过量嫩草引起瘤胃臌胀或中毒。舍饲羊群还要注意饲料营养的搭配,对哺乳母羊,不仅要保证优质青干草和精料的供给,还要适当补充多汁饲料或青绿饲料。

春季气温变化较大,圈舍的保温不能轻视,尤其是新生羔羊圈舍的温度应保持相对稳定。

春季也是羊体内、外寄生虫较猖狂的季节。在羊群体质有所恢复后,应配合基层兽医防疫部门进行防疫和驱除羊体内、外寄生虫工作,并对圈舍进行彻底消毒。

春季羊群容易缺乏矿物元素。可在槽头放上食盐,任其自由舔食。缺硒地区,还需适当补硒。

32. 在"黑色四月",羊群饲养管理应特别注意什么问题?

四月份是一个春、夏季节交替的月份,北方地区气温多变,羊群容易患呼吸道疾病。因此,有"黑色四月"之称。

四月份出生的羔羊往往因母羊妊娠后期营养贫乏而发育较差,初生重较小,出生后体质弱,生长速度慢。母羊如果体况太差、缺少奶水,会遗弃羔羊。被遗弃羔羊的抵抗力较差,容易患病。因此,四月份出生的羔羊死亡率最高,需要人们的特别关照。具体措施是:首先,尽可能为被遗弃的羔羊找到母亲或者代理母亲,并将母仔单独圈在小圈内,以培养它们的感情,达到母仔相认的目的;其次,加强母羊的饲养管理,提高日粮营养水平,改善产奶量。从母羊产后第三天开始逐渐增加精料饲喂量,尤其是增加日粮蛋白质饲料的比例,如在配合料中加入 10%～15%豆粕,有条件的农户还可以给缺奶母羊喝熟豆浆。哺乳母羊应饲喂青绿饲料或青贮饲料。干草应以苜蓿青干草、花生蔓、红薯蔓、豆荚等优质牧草为主。

四月份,北方地区青草刚刚萌发,但对放牧羊群却很有诱惑力,羊群为了吃到青草,通常需要跑很远的路程,羊只体力过度消耗,乏瘦羊只很容易出现死亡。因此,放牧时,一定要控制头羊,先放阴坡,后放阳坡。

四月份新萌发的牧草,水分和生物碱含量较高,羊只突然大量采食后容易腹泻,也容易诱发羊肠毒血症。因此,羊群应当先吃干草,后吃鲜草,或者干鲜草搭配饲喂,逐渐过渡,千万不能突然改变日粮组成。

四月份是毒蛇出洞的季节。放牧羊群容易受到毒蛇攻击,如果给头羊带上铃铛,铃声可以吓走毒蛇。

四月份是毒草显露的季节。毒草往往比一般牧草萌发早,生长快,羊只会因饥不择食而误食毒草,出现中毒。因此,放牧时,一定要注意观察,防止羊只采食毒草。

33. 夏季羊群饲养管理应注意什么问题?

在炎热、暴雨和蚊虫较多的夏季,羊群如果管理不善,就会出现采食量下降、体质减退的现象。长期在烈日下暴晒还可导致中暑。中暑羊只表现为:精神倦怠,头部发热,出汗,体温升高至40℃以上,步态不稳,四肢发抖,心跳亢进,呼吸困难,鼻孔扩张,黏膜充血,眼结膜变蓝紫色,瞳孔最初扩大,后来收缩,全身震颤,倒地,如不及时抢救,多在几小时内死亡。羊一旦发生中暑,应迅速移至阴凉通风处,并用凉水浇淋羊的头部或用冷水灌肠散热,使羊体温降至常温为止;也可以根据羊只大小及营养状况适量静脉放血,同时静脉注射生理盐水或糖盐水。因此,夏季放牧羊群应做到早出、晚归,尽量选择地势高、通风凉爽的山冈草坡或平坦开阔的草地放牧,防止羊群"扎窝子"。对于舍饲羊场来说,运动场应当搭建凉棚或者在周围种植高大的阔叶树种,多喂一些适口性好、营养价值较高的牧草和多汁饲料。羊群的一切活动最好在舍外进行,如果需要在舍内活动,一定要打开圈舍门窗,保证空气对流、隔热。

在高温的夏天,不论是放牧羊群,还是舍饲羊群,都要多饮水,最好是自由饮用清洁饮水,水中添加适量的食盐,绝对不能让羊饮用脏水、死水,以避免引起寄生虫和消化道等病。同时,要及时清理圈舍及圈舍周围的粪便和污水等,以减少蚊蝇滋生的机会。

34. 秋季羊群饲养管理应注意什么问题?

对羊群来说,秋季是一个抓膘的季节、收获的季节和播种的季节。在秋高气爽的秋天,牧草丰富,草籽逐渐成熟,羊群放牧要坚持早出、晚归,延长放牧时间,让羊吃饱、吃好,迅速上膘。舍饲羊群也要尽可能供给青绿饲料,保证营养的满足供给。配种公羊必须补充精饲料,母羊也要保持良好的膘情,以保证正常的排卵、受孕。秋季一定要抓好羊群的配种工作,争取在10月底前完成全部配种任务,以便来年羔羊能产在"黑色四月"之前。对于肉羊来说,当年羔羊必须在入冬之前肥育上市,以获取最好的收益。对牧工来说,秋天是一个繁忙的季节。牧工除了搞好羊群正常的饲养管理、配种和储备饲料以外,还要搞好防疫和驱虫。这些工作直接关系到冬、春季节羊群的安全问题。各羊场和农户要根据当地兽医防疫部门的统一安排和部署,给羊群接种疫苗,同时对圈舍进行一次彻底消毒,消毒药物可以用2%火碱、2%福尔马林、10%～20%石灰乳、10%的漂白粉、3%的来苏儿或5%的草木灰。接着要对羊群进行一次全面驱虫。驱虫包括驱除体内寄生虫和体外寄生虫:驱除体内寄生虫,可灌服丙硫苯咪唑、甲苯咪唑等,也可口服或皮下注射伊维菌素(灭虫丁)等;驱除体外寄生虫,可用1%敌百虫溶液涂擦患部,用硫磺加菜油涂抹效果也很好,也可用虫克星、阿维菌素(阿福丁)针剂进行皮下注射。药浴也是预防和驱除体外寄生虫的方法之一。值得注意的是:驱虫药通常都具有抗药性,需要经常变换。

35. 冬季羊群饲养管理应注意什么问题?

冬季是一个寒冷的季节。牧草枯萎或叶片凋落,北方大部分地区有霜冻与冰雪,放牧羊群经常面临寒冷、饥饿,甚至被冰雪围困等种种困难。因此,在冬季来临之前,必须储备足够的饲料进行补饲或者舍饲。粗饲料应以优质青干草为主,适当补充青贮饲料和精料补充料,尤其是妊娠后期母羊,如果不予补饲,就可能出现营养缺乏性流产、死胎等现象。青贮饲料最好与精料混合并在中午气温较高时饲喂,而且要随取随喂,严禁冰冻结块后饲喂。

低温可致羊消耗过多的能量,甚至冻伤、死亡,可见羊对寒冷的忍受力是有限的,即使那些浑身长满绒、毛的羊也会在暴风雪中丧命。因此,在北方地区,冬季将羊群置于没有棚舍的栅栏内的做法是错误的,而应当提供最基本的能避风雪、挡严寒的棚舍。在寒冷的季节,羊群的饮水量会明显下降,但仍需要足够的供给,水温应控制在5℃~10℃。妊娠母羊和产羔母羊应防止饮用冰碴水。

在寒冷的冬季,不仅要重视圈舍的保暖,还要保持圈舍干燥,寒冷潮湿的地面对羊的健康不利。产羔母羊应在产前一周进入保温条件好、地面干燥并经过消毒处理的产房。

在寒冷的冬季,舍饲羊群还要注意适当的运动和舍外活动,每天至少要驱赶运动2小时以上,而且要多晒太阳。

36. 什么叫规模养殖?

规模养殖是畜牧业发展的理想模式。

(1)规模养殖有一个"度"。这个"度"就是一个羊场或养殖户能够提供的生产资料(人力、物力、资金、技术等资源)与生产需要的吻合。如一个可容纳1000只羊的羊场只养了100只羊,势必造成投资成本的增加和劳动时间、生产资料(如场舍资源)的浪费。但如果在各种条件或者某一种条件不具备的情况下,突然扩大规

七、羊群日常饲养管理

模,即使准备不断创造条件,也不能完全避免某种失败。如圈舍狭小,突然增加饲养量,往往会导致疾病暴发。因此规模经营是以一定的投入为前提的。

(2)规模养殖不仅是以单个饲养单位为对象,更重要表现在宏观经济上,应以区域经济乃至整个畜牧业为对象,求得各经营单位、行业、产业之间的合理组合,充分发挥各自优势,取得总体规模效益。规模经营本质上是畜牧生产力水平和生产社会化程度的反映。其规模及结构决定于科技水平、投资能力、劳动手段水平、原材料(羊)可供量及市场容量。

(3)规模是否经济合理,还要看该产业经营产出及整个产业的质量、结构和平均消耗,并不是规模适当就一定能取得好效益。规模只是为生产提供了一个条件。利用这个条件,加强管理,提高技术,充分发挥劳动者的积极性,规模养殖效益才能真正发挥出来。

(4)规模养殖的核心是降低成本。规模越大,各生产要素的影响也越大;各生产要素配合、组成越复杂,相应的自然风险、社会风险及市场风险也越大。因此,规模养殖也是一种风险经营。

37. 规模养羊应遵循的原则是什么?

(1)因地制宜的原则 规模养殖是发展肉羊业的必然趋势,但一定要从实际出发,按照当地的自然条件或某一公司、羊场的环境条件、经济条件、技术条件制定发展计划,调整养殖规模。

(2)有利于发展生产力的原则 从根本上讲,规模养殖就是为了发展生产力。实践证明,在条件具备的地方搞规模养殖,使生产资料得到合理配置,特别是提高了饲料加工机械、养殖场地、劳动力、资金的利用率,提高了劳动生产率、商品生产率和经营者的收入,养殖者具有经营安全感。如果条件不具备的地区或羊场仓促上马搞规模养殖,不但不能形成资源的合理配置,相反会打破原来较为合理的资源配置,使生产水平下降。

(3) 市场畅销原则 规模大小与市场容量相一致。既要注重提高产量和质量,降低成本,又要注重调整品种和数量;既要考虑资源的合理配置,又要考虑市场的需求变化,把企业规模与区域市场和全国市场、短期市场和长期市场相联系。否则,就会造成产品的积压与资源的浪费。

(4) 无污染原则 规模化养殖场的布局应从农业内部的生态结构、畜牧业良性循环需要出发,最大限度地减少废弃物对生态环境的污染与破坏。首先地址不应靠近中心城镇,应当与饲料粮和粮食主产区较好的结合起来。否则,会形成城区外圈的污染层。

八、羔羊的培育与肥育

1. 怎样护理新生羔羊?

羔羊出生后,应迅速将口、鼻、耳中的黏液抠出,让母羊舔净羔羊身上的黏液。如果羔羊发生窒息,可将两后肢提起,使头向下,轻拍胸部。在寒冷地区或放牧地区出生的羔羊,应迅速擦干羔羊身体,用接羔袋背回接羔室放入母仔栏内。在寒冷环境条件下,应预先在产羔栏里垫上棉絮、稻草或放置保温板,防止羔羊冻死。羔羊应在产后尽快吃上初乳。

2. 羔羊一定要吃初乳吗?

新生羔羊应在出生后尽快吃上初乳。初乳含有较常乳多得多的蛋白质、干物质、脂肪以及维生素 A。初乳中所含的具有轻泻作用的镁盐能促使胎粪尽早排除。更重要的是,初乳中含有溶菌酶和抗体,溶菌酶能杀死多种病菌,免疫抗体可抵御各种疾病。因此,羔羊一定要吃初乳。1周龄之内的羔羊应与母亲同圈,对弱羔、弃羔应通过寻找代理母亲或人工哺乳等办法,使其吃饱,人工哺乳要做到定时、定量,喂给清洁的定温奶。

3. 怎样抢救假死羔羊?

抢救假死羔羊,无论采用哪一种方法治疗,都必须争取时间及早进行。

(1)如果羔羊尚未完全窒息,还有微弱呼吸时,应立即提着后腿,倒吊起来,轻拍胸腹部,刺激呼吸反射,同时促进排出口腔、鼻腔和气管内的黏液和羊水,并用洁净布擦干羊体,然后将羔羊泡在温水中,使头部外露。稍停留之后,取出羔羊,用干布片迅速擦拭躯体,然后用毡片或棉布包住全身,使口张开,用软布包舌,每隔数秒钟,把舌头向外拉动1次,使其恢复呼吸动作。待羔羊复活以后,放在温暖处进行人工哺乳。

(2)若已不见呼吸,必须在除去鼻孔及口腔内的黏液及羊水之后,使羔羊卧平,用两手有节律地推压羔羊胸部两侧,必要时施行人工呼吸。同时注射尼可刹米、洛贝林或樟脑水0.5毫升。也可将羔羊放入37℃左右的温水中,让头部外露,用少量温水反复洒向心脏区,待羔羊呼吸恢复后取出,用干布擦拭全身。

(3)在脐动脉内注射10%氯化钙2~3毫升。治疗原理是:在脐血管和脐环周围的皮肤上,广泛分布着各种不同的神经末梢网,形成了特殊的反射区,所以从这里可以引起在短时间内失去功能的呼吸中枢的兴奋。

4. 怎样抢救冻僵羔羊?

在严冬季节,由于对母羊预产期掌握不清,临产观察不细,疏于管理,而导致母羊将羔羊产于室外或野外,羔羊因受冻呼吸停止,全身发凉,这种羔羊称为冻僵羔羊。遇见这种情况应立即把冻僵羔羊移入温暖的室内,放入装满温水的盆中,水温由25℃逐渐升温至40℃左右,切不可使水温过高,以免烫伤或热应激过大。在温水盆中切勿使羔羊呛水,同时结合急救假死羔羊方法,待羔羊恢复体温、呼吸后,用棉被等将羔羊盖住保持体温,并及时喂温度适宜的初乳。如果羔羊受冻时间短,抢救及时,多数羔羊可救活。

5. 怎样提高羔羊的成活率?

(1)**重视羔羊先天发育** 一是合理安排配种和产羔时间。在北方地区,每年4月份环境气温变化较大,羔羊死亡率相对较高,因此生产上尽量将产羔时间安排在1~3月份,避免羔羊产在"黑

八、羔羊的培育与肥育

色四月";二是搞好妊娠母羊的饲养管理。母羊在妊娠期若能获得足够而合理的营养,所生的羔羊初生重大,体质健壮,抗病力强,容易管理。

(2) 做好助产 一般来说,绵、山羊的分娩较其他家畜容易,尤其是放牧羊很少出现难产。但在舍饲条件下或羊体况较差时易出现难产,为了保证母羊和羔羊的安全,分娩前应做好助产的准备工作。助产的具体方法可参见第六章第29问。

(3) 注意环境温度 初生羔羊的体温调节能力较差,对外界温度的变化很敏感。由于幼羔一般热调节功能还未发育完善,体脂和糖原的储量少,代偿性的代谢率较低,皮下脂肪薄,每单位体重的表面积较大,其体温很容易受气温的影响。环境温度过低,可诱发羔羊患感冒、肺炎、支气管炎等疾病,严重时,可导致羔羊体温下降,甚至死亡。环境温度过高,同样对羔羊的生存和发育有害。羔羊的等热区较狭窄,气温升至30℃以上时,脉搏和呼吸加快,体温升高,甚至出现死亡。高温、高湿环境有利于病原性真菌、细菌和寄生虫的滋生和繁殖,可使羔羊的抵抗力减弱,发病率和死亡率上升,尤其易患呼吸道和消化道疾病,如肺炎、痢疾等。另外,对羔羊来说,尤其是新生羔羊的圈舍温度保持相对稳定是至关重要的。温度突然变化和频繁变化不仅容易引起羔羊呼吸道和消化道疾病,还可引起羔羊应激性死亡,尤其引起弱羔死亡。

(4) 注意幼羔的饲养管理 ①新生羔羊应在出生后尽快吃上初乳。②羔羊应早开食,早锻炼。③1周龄之内的羔羊应与母亲同圈,对弱羔、弃羔应通过寻找代理母亲或人工哺乳等办法,使其吃饱,同时注意运动锻炼。④羔羊圈舍要放置清洁饮水,任其自由饮用。有人认为,哺乳期羔羊不需要饮水。这种说法是极其错误的,因为羔羊仅靠奶中获得水分是有限的,随着年龄的增加,对水的需求量会越来越大,尤其是炎热的夏季,羔羊不能缺水,否则食欲下降、血液循环和体温调节不能正常进行,生长受阻,甚至死亡。

冬天饮水应加温至10℃～20℃,不能饮冰冷水。⑤补硒。在缺硒地区,羔羊出生后1～2周内应注射亚硒酸钠维生素E注射液(具体用量参照说明书),以后每一两个月注射1次或在配合饲料中添加含硒微量元素的添加剂。

6. 羔羊开食应当先吃草还是先吃料?

羊是草食动物,羔羊较早地采食牧草可刺激胃肠蠕动,促进胃肠发育。因此,羔羊10日龄左右就可以饲喂容易消化的优质青干草,即开食草。20日龄左右可以喂容易消化的配合料,配合料的组成应以炒黄豆、炒麸皮、玉米等原料为主,添加1%左右的食盐和矿物元素添加剂,禁止饲喂菜籽粕、胡麻籽粕、棉籽粕等。

7. 羔羊人工哺乳时应注意什么问题?

羔羊人工哺乳最好采用哺乳器饲喂法,使羔羊吮取的乳汁经过由瘤胃、网胃壁的内膜折叠形成的食管沟直接进入皱胃。如果用饮水的方式哺乳,羔羊不是抬头而是低头,这种姿势不利于食管沟的闭合,常常会使乳汁进入瘤胃而不是绕过瘤胃进入皱胃,乳汁在瘤胃中的消化吸收率比皱胃差,因此,实践中用桶哺喂羔羊的效果不如哺乳器好。人工哺乳可用羊奶、牛奶、脱脂奶或代乳品。饲喂时,应注意下列问题。

(1)定时　合理安排昼夜哺乳时间。随着月龄的增加,逐渐减少喂奶次数,适当增加每次的喂量。1月龄内羔羊,每3小时应喂1次;1～2月龄时,可减至每日4次;2～3月龄时,减至每日3次;3月龄后,减至每日1～2次。

(2)定量　羔羊的喂量以满足营养需要为前提,过多可引起消化不良,甚至腹泻,过少则营养不足,影响羔羊的生长发育。初期每只羔羊每次喂250克左右,可根据个体、运动量和年龄大小酌情增减。一般来说,每昼夜的哺乳量以不低于体重的16%为宜。

(3) 定温 人工哺喂的奶温以接近或稍高于母羊体温为宜,即以 38℃～42℃ 较好。

(4) 定质 哺喂羔羊的奶汁要求新鲜、清洁,以刚挤出来的鲜奶为佳。对于低温保存的奶品,喂前应进行加温和搅拌,使乳脂混合均匀。

(5) 定期消毒 为了防止疫病发生,每次饲喂的用具必须用清水冲洗干净,每隔 2 天用沸碱水消毒 1 次或置于紫外线灯下照射 1 小时。

8. 如何给羊编号?

为了便于管理,防止母羊被错认,羔羊出生后可用染发剂在体侧部位写上临时号,临时号应与母亲号一致。但为了选育、选种或试验研究等目的,需要记录个体生长发育、生产性能指标等,断奶前必须编制永久号。永久号的标记方法有:

(1) 耳标法 耳标用金属或塑料制成,有圆形和长方形两种。在金属耳标上用钢字钉打上或在塑料耳标上用特制笔写上羊号,用打孔钳将耳标装订在耳基下部,公羊耳标一般佩戴在左耳,母羊耳标佩戴在右耳。打孔时,应避开血管,并用碘酊消毒。我们在生产中常用的编号方法是:第一、二个字母为羊场的缩写字符,其次为出生年号,再次为个体号。公羔为单号,母羔为双号。例如在麟游羊场 2009 年出生的第三只公羔的编号为"LY09005"。

(2) 剪耳法 是利用耳号钳在羊耳朵上剪缺口,不同的耳缺,代表不同的数字,再将几个数字相加,即得所要的耳号。具体方法是:先保定羊只,用碘酊消毒耳钳、打洞器和羊耳朵,然后用器械打号,操作时注意避开血管。编号方法是:左大右小,公单母双,左耳尖缺口为 200,左耳上缘前 1/3 处缺口为 50,后 1/3 处缺口为 40,左下缘前 1/3 处缺口为 20,后 1/3 处缺口为 10;右耳尖缺口为 100,右耳上缘前 1/3 处缺口为 5,后 1/3 处缺口为 4,右下缘前 1/3

处缺口为 2,右下缘后 1/3 处为 1(图 8-1)。例如,354 号母羊的剪耳号方法为:左耳尖(200)、右耳尖(100)、左耳上缘前 1/3 处(50)和右耳上缘后 1/3 处(4)有缺口。

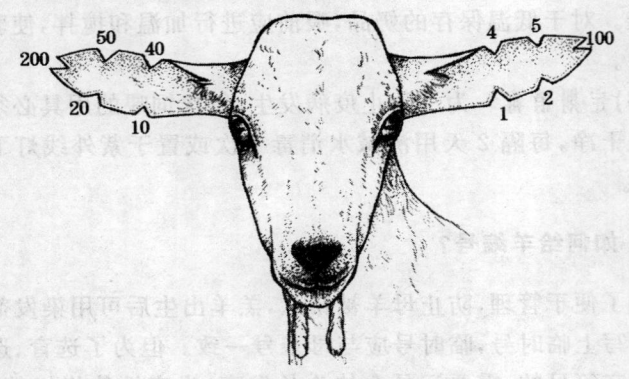

图 8-1 羊剪耳法编号示意图

9. 羔羊断尾有什么好处?怎样断尾?

断尾主要是针对瘦尾型留种绵羊。断尾有三个好处:一是可以避免粪便污染羊毛;二是可防止夏季蚊、蝇在母羊外阴部叮咬而感染疾病;三是便于母羊配种。

断尾通常在羔羊 5~15 日龄时进行,这时尾巴较细,不易出血。断尾的方法有两种:一种为烙断法,即用一块带圆孔的木板,将羔羊尾巴套住,用烧红的烙铁在第 4~5 尾椎间迅速切开;另一种为橡皮筋断尾法。即在羔羊出生第 5 天开始,用橡皮筋把羔羊尾巴的第 4~5 尾椎间扎紧,几天后尾巴会逐渐干枯脱落。

10. 羔羊为什么要去角?怎样去角?

一般说来,绵羊比较温顺,而山羊在抢吃草料时,膘肥体壮的强势羊总是挑起事端,攻击弱小羊只。去角后,羊只会变得温顺一些。人们通常为了防止羊只相互争斗,造成身体伤害,甚至流产,对7~14日龄有角母羔羊进行去角,但留种公羊一般不需去角。去角前,必须通过观察和触摸确定眼前的羔羊是否有角:如果有角,其角蕾部的毛呈旋涡状,手摸时有硬而尖的突起;若无角,头顶没有旋毛,凸起钝圆。对有角羔羊可采用腐蚀法或烧烙法去角。

(1) 腐蚀法 腐蚀法也叫化学去角法,即用棒状苛性碱(氢氧化钠)在角基部摩擦,破坏其皮肤和角原组织。术前应在角基部周围涂抹一圈医用凡士林,防止碱液损伤其他部位的皮肤。操作时先重后轻,将表皮擦至有血液浸出即可,摩擦面积要稍大于角基部。去角后,可给伤口撒上少量的消炎粉。由母羊哺乳的羔羊,去角后半天以内应与母羊隔离,哺乳时也应尽量避免羔羊将碱液污染到母羊的乳房上而造成损伤。

(2) 烧烙法 将烙铁于炭火中烧至暗红(亦可用功率为300瓦左右的电烙铁),对保定好的羔羊的角基部进行烧烙,烧烙的次数可多一些,但每次烧烙的时间不宜超过10秒钟,当表层皮肤破坏并伤及角原组织后即可结束,对术部应进行消毒。

11. 羔羊应在什么时候去势?

公羔去势后,性情温顺,便于管理,容易肥育,同时可以提高羊肉品质,减少膻味。因此,凡不计划作种用的公羔都应去势。去势的方法有阉割法和结扎法。

(1) 阉割法 采用阉割法去势最好在羔羊2~3周龄时选一晴天进行。由一人固定住羔羊的四肢,并使其腹部向外。另一人将阴囊上的毛剪掉,并在阴囊下1/3处消毒,然后用消毒好的手术刀将阴囊下部切开,挤出睾丸,慢慢拉断血管和精索,伤口处涂上碘酊消毒即可。

(2) 结扎法 较适合1月龄左右的羔羊。结扎时,术者左手握紧阴囊基部,右手撑开橡皮圈将阴囊套入,反复扎紧以阻断下部的血液流通。约经15天,阴囊连同睾丸自然脱落。结扎后,要注意检查,以防止胶圈断裂或结扎部位发炎、感染。一般情况不会出现感染,一旦发生感染,及时去掉橡皮圈并对伤口进行处理,待结扎部位完全恢复后再进行结扎。

12. 羔羊应在什么时间断奶?

羔羊大约到7周龄时,瘤胃发育完全,这时才能较好地消化粗饲料。因此,在这之前断奶的羔羊仅靠采食粗饲料无法获得足够的营养。羔羊的自然断奶大约是在4月龄时,但在良好的饲养管理条件下,许多肉用绵、山羊品种的羔羊2月龄体重便可达到10千克以上,其胃肠功能基本健全。此时,为了加快羊群繁殖速度,商品肉羔可以断奶,而计划用于繁殖的后备羔羊最好在3月龄后断奶,断奶应经过7~10天的逐渐适应期,以防止羔羊出现严重的断奶应激现象。羔羊断奶后,必须给予特别关照,除了供给一定量的易消化全价配合饲料外,还要供给足够的优质青干草和清洁饮水,任其自由采食和饮用。

13. 为什么秋天出生的羔羊初生重小,生长缓慢?

这是由于母羊妊娠后期正处于高温季节,高温应激影响了胎儿的营养供应,使其发育受阻。一方面,由于高温季节羊的采食量下降,影响了胎儿所需的营养供给;另一方面,高温应激使羊只肾上腺活性增强,分解代谢过程加快,甲状腺激素分泌减少,从而减弱了氧化磷酸化反应,使很大一部分能量不能以三磷酸腺苷(ATP)的形式储存,而是以热的形式排出,增加了营养的消耗,也影响了胎儿的营养来源。此外,母羊为了散热,外周血液循环加快,生殖器官供血量减少,影响了胎儿发育。前人的研究结果表明,急性热应激可使母羊子宫血流量较常温时减少48%。从而影响了羔羊的初生重,而初生重又影响生长速度。因此,秋季所产的羔羊初生重小,生长缓慢。

14. 为什么要选择羔羊肥育？肥育前应做好哪些准备？

选择羔羊肥育,是由于羔羊具有下列生理特点:

第一,生长发育快。8月龄前的羔羊饲料转化效率可达3～4:1,而成年羊为6～8:1。绵、山羊的生长高峰期一般是出现在断奶前和5～6月龄这两个阶段,在良好的饲养管理条件下,良种肉羊及其杂种肉羊的日增重可达200克以上。

第二,对植物蛋白利用率高。羔羊对植物蛋白的利用率比成年羊高0.5～1倍。

第三,肉产品成本低。肥羔生产周期短,产品率高,成本低。羔羊当年屠宰,加快了羊群周转,缩短了生产周期,提高了出栏率及出肉率。

第四,肉质好,售价高。羔羊肉中瘦肉多,脂肪少,胆固醇低。肉质鲜嫩多汁,膻味小,营养丰富,易被人体消化吸收。因此,市场售价比成年羊肉高30%～50%。

肥育前应做好以下准备:

第一,要对肥育羊进行健康检查,无病者方可进行肥育。

第二,按月龄和体重组群。不同月龄、体重的羔羊应分别组群,因为羔羊大小不一、强弱不均,采食的一致性差,不利于提高整体肥育效果。因此在肉羊生产中,最好采取分批同期发情处理技术,使适繁殖母羊能集中发情、配种,分批集中产羔,以便羔羊集约化肥育,分批供应市场。

第三,进行驱虫、药浴和疫苗接种。

第四,对公羔去势,以生产出膻味小的羊肉。

第五,进行称重,以便与肥育结束时的称重进行比较,检验肥育的效果和效益。

第六,进行适应性饲养。羔羊组群后,必须有一个适应性饲养阶段，一般经过1～2周的训练，待羊只完全合群并习惯采食肥育饲料后，再开始肥育。

15. 什么叫肥羔生产？影响羔羊肥育的因素有哪些？

肥羔生产是指断奶羔羊经过2～3个月的肥育，于6～8月龄达到屠宰体重时屠宰上市。一般要求公羔活重达到50千克，母羔达到40千克，胴体重达到20～22千克。肥羔肉品质较佳，是烤羊肉和涮羊肉的理想原料。

影响羔羊肥育的因素很多，主要有：品种、营养水平、饲料类型、年龄、性别和季节等。不同品种肉羊增重的遗传潜力不一样。在相同的饲养管理条件下，专门肉用绵、山羊品种，如杜泊、萨福克、夏洛莱、布尔山羊及其改良羊的肥育效果通常好于本地绵、山羊品种；同一品种羊在不同营养水平条件下饲养，其日增重会有一定差异。一般来说，在高营养水平条件下，肉羊的日增重可达300克以上，而低营养水平条件下的羊日增重可能还不到100克；从饲料类型看，以饲喂青粗饲料为主的肉羊与以谷物等精料为主的肉羊相比，不仅肉羊日增重不一样，而且胴体品质有较大差异。前者胴体肌肉所占比例高于后者，而脂肪比例则远低于后者；从性别看，肥育速度最快的是公羊，其次是羯羊，最后为母羊。阉割后的羊生长速度降低，但可使脂肪沉积率增强；羊最适宜生长的温度为25℃～26℃，最适宜的季节为春、秋季。天气太热或太冷都不利于羔羊肥育。

16. 肥育羔羊的饲养管理要点是什么？

(1)饲料原料多样化。适口性好，营养物质丰富。白天应以精料和多汁料为主，夜晚则喂粗饲料。精料和多汁料应少喂勤添。一般精料喂量超过0.2千克时，就要分次喂给，多汁饲料也应在白天与其他饲料分开饲喂。各种饲料的饲喂顺序应先粗后精。断奶羔羊的日粮单纯依靠精饲料，既不经济又不符合生理机能规律，日粮必须要有一定比例的优质干草,一般约占饲料总量的40%~60%。苜蓿干草较好,它不仅蛋白质含量高,而且还含有促生长因子,其饲喂效果明显优于其他干草。舍饲肥育的日粮,以混合精料的含量为40%~45%、粗料和其他饲料的含量为55%~60%的配比较为合适。如果要求肥育强度还要加大的话,混合精料的含量可增到60%(但不应超过60%),此时一定要注意防止引发肠毒血症、酸中毒和因钙、磷比例失调而导致的尿结石病。

(2)饲喂要定时定量,少喂勤添。精料饲喂量应根据羊的年龄、体重和粗饲料质量而定,青干草尽量任其自由采食。做到"三先三后一足",即先草后料,先喂后饮,先拌(料)后喂,饮水要充足。舍饲日粮的供给可利用草架和料槽分别给予的方式,要先喂适口性差的饲料,后喂适口性好的饲料,以免浪费。

(3)保证饲料品质。做到水、草、料、饲喂用具及圈舍的干净与卫生。

(4)有一定的饲养和活动场地。冬有圈、夏有棚,而且通风、卫生、安静。

(5)肥育期内,尽量避免更换饲料。

17. 什么叫肉羊出栏率?

肉羊出栏率是指当年肉羊出栏数占年初存栏数的百分率。反映肉羊生产水平和羊群周转速度。

$$肉羊出栏率 = \frac{年度内肉羊出栏数量}{年初肉羊存栏数量} \times 100\%$$

18. 肉羊生产力的测定指标有哪些?

(1)胴体重 指屠宰放血后,剥去毛皮,除去头、内脏及前肢膝关节和后肢趾关节以下部分后,整个躯体(包括肾脏及其周围脂肪)静置30分钟后的重量。

(2) 净肉重 指将胴体精细剔除骨头后余下的净肉重量。要求在剔肉后的骨头上附着的肉量及耗损的肉屑量不超过 300 克。

(3) 屠宰率 指胴体重占羊屠宰前活重（宰前空腹 24 小时）的百分率。

$$屠宰率 = \frac{胴体重}{屠宰前活重} \times 100\%$$

(4) 净肉率 指胴体净肉重占宰前活重的百分率。胴体净肉重占胴体重的百分比则为胴体净肉率。

$$净肉率 = \frac{胴净肉重}{屠宰前活重} \times 100\%$$

$$胴体净肉率 = \frac{胴体净肉重}{胴体重} \times 100\%$$

(5) 骨肉比 指胴体骨重与胴体净肉重之比。

(6) 眼肌面积 指倒数第一与第二肋骨之间脊椎上眼肌（背最长肌）的横切面积。眼肌面积与产肉量呈高度正相关。测定方法是：用硫酸绘图纸描绘出眼肌横切面的轮廓，再用求积仪计算出面积，如果没有求积仪，可用下面公式估测：

眼肌面积（厘米^2）＝眼肌高度（厘米）×眼肌宽度（厘米）×0.7

(7) GR 值 指在第十二与第十三肋骨之间，距背脊中线 11 厘米处的组织厚度。是胴体脂肪含量的标志。GR 值（毫米）与胴体膘分的关系是：0～5 毫米，胴体膘分为 1（很瘦）；6～10 毫米，胴体膘分为 2（瘦）；11～15 毫米，胴体膘分为 3（中等）；16～20 毫米，胴体膘分为 4（肥）；21 分以上，胴体膘分为 5（极肥）。我国制定的羊肉质量分级标准（NY/T 630－2002）中，将 GR 值称为肋肉厚。

19. 怎样对羊胴体进行切块？

绵、山羊胴体大致可以分成八大块，见图 8-2。

八、羔羊的培育与肥育

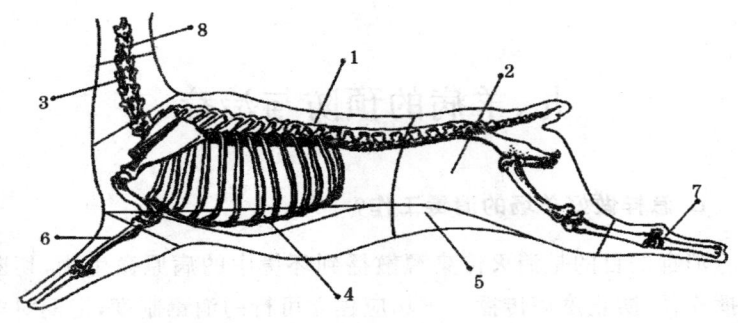

图 8-2 羊胴体分割示意图
1. 肩背部 2. 臀部 3. 颈部 4. 胸部
5. 腹部 6. 前腿 7. 后小腿 8. 颈部切口

这八大块可以分成三个商业等级：属于第一等级的部位有肩部和臀部，属于第二等级的有颈部、胸部和腹部，属于第三等级的有颈部切口、前腿和后小腿。

切块时，先将胴体从中间分成两片，各包括前躯肉和后躯肉两部分。前躯肉和后躯肉的分切界限，是在第十二与第十三肋骨之间，即在后躯肉上保留一对肋骨。前躯肉包括肋肉、肩肉和胸肉，后躯肉包括后腿肉和腰肉。

肋肉：从第十二对肋骨处至第四与第五对肋骨间横切。

肩肉：从第四对肋骨处起，包括肩胛部在内的整个部分。

胸肉：包括肩部及肋软骨下部和前腿肉。

腹肉：整个腹下部分的肉。

后腿肉：从最后腰椎处横切。

腰肉：从第十二对与第十三对肋骨之间横切。

九、羊病的预防与治疗

1. 怎样做好羊场的消毒工作？

消毒的目的是消灭传染源散播到环境中的病原微生物,切断传播途径,防止疫病传播。羊场应建立可行的消毒制度,定期对羊舍、运动场和粪便污水等进行消毒。

(1) 羊舍消毒 ①各种用具、饲槽和人手等消毒可用3%来苏儿溶液或0.5%过氧乙酸溶液。②圈舍消毒可用2%火碱(氢氧化钠)、2%福尔马林、10%～20%石灰乳、10%漂白粉、3%来苏儿或5%草木灰。火碱有腐蚀性,消毒圈舍时应将羊赶出圈外,隔半天后用清水洗净饲槽、地面后方可让羊进圈。

消毒时,先清扫,然后按每平方米1升的标准向地面、墙壁和天花板喷洒消毒液。产房应在产羔前期、中期、后期进行多次消毒;病羊舍入口应有消毒池或铺设浸有2%～4%氢氧化钠消毒液的麻袋片或草垫。

(2) 运动场消毒 可用含2.5%有效氯的漂白粉溶液、4%福尔马林或1%氢氧化钠溶液喷洒消毒。

(3) 粪便污水消毒 主要采用生物热消毒法,即离羊舍100米以外把粪便堆积起来,上面覆盖10厘米厚的沙土,发酵1个月后即可。污水应引入污水处理池,加入漂白粉(或生石灰)进行消毒,消毒药用量视污水量而定,一般每升污水用2～5克漂白粉。

2. 什么叫免疫接种？羊群应接种哪些疫苗？

免疫接种是通过接种疫(菌)苗、类毒素等生物制品使羊产生自动免疫的一种手段,也是预防和控制羊传染病的重要措施之一。

九、羊病的预防与治疗

由于生物制品种类不同,可采用皮下、皮内、肌内注射或饮水等不同的接种方法。目前,国内外尚无统一的羊免疫接种程序,各羊场与农户应根据当地羊疫病流行特点制定防疫计划,适时进行免疫接种。免疫接种又分为预防接种和紧急接种。

预防接种是为了防止某种传染病的发生,定期而有计划地给健康羊群进行的免疫接种。

紧急接种是为了迅速扑灭某种疫病的流行而对尚未发病的羊群进行临时性免疫接种。一般用于疫区周围的受威胁区,有些产生免疫力快、安全性能好的疫苗也可用于疫区内受传染病威胁而未发病的健康羊,但不能给处于潜伏期的已感染羊接种。已感染羊接种疫苗后不但不能获得保护,反而发病更快。羊群常用的疫苗和使用方法见表9-1。

表 9-1 羊群常用疫苗和使用方法

疫苗名称	预防的疫病	接种方法和说明	免疫期
布鲁氏菌病猪型2号弱毒菌苗	布鲁氏菌病	山羊、绵羊臀部肌内注射1毫升。阳性羊、3月龄以下的羔羊和怀孕羊均不能接种	绵羊1.5年,山羊1年
羊快疫、猝疽、肠毒血症三联苗	羊快疫、猝疽和肠毒血症	不论羊年龄大小,一律肌内注射5毫升。14天产生免疫力,此时,再加强注射一次	6个月
山羊传染性胸膜肺炎氢氧化铝疫苗	丝状支原体引起的山羊传染性胸膜肺炎	6月龄以下山羊皮下注射3毫升,6月龄以上注射5毫升。14天后产生免疫力,仅限于疫区使用	1年
羊肺炎支原体氢氧化铝灭活苗	由绵羊肺炎支原体引起的传染性胸膜肺炎	成年绵羊颈部皮下注射3毫升,6月龄以下注射2毫升	1.5年

续表 9-1

疫苗名称	预防的疫病	接种方法和说明	免疫期
绵羊痘鸡胚化弱毒苗	绵羊痘	用生理盐水稀释后，不论羊年龄大小，一律皮下注射 0.5 毫升。6 天后产生免疫力	1 年
山羊痘细胞化弱毒苗	山羊痘	各年龄段山羊尾内侧皮内注射 0.5 毫升，也可用于紧急预防接种	1 年
A、O 型鼠化弱毒疫苗	口蹄疫	4～12 月龄绵、山羊肌内或皮下注射 0.5 毫升，12 月龄以上羊注射 1 毫升	4～6 个月

3. 什么叫疫苗的特异性？

免疫接种是通过接种疫苗的办法激发羊体产生特异性抵抗力，使传染病从易感转化为不易感的一种有效手段。一般来说，一种疫苗只能预防一种传染病，如牛、羊 O 型口蹄疫鼠化弱毒疫苗只能预防牛、羊 O 型病毒引起的口蹄疫，而不能预防其他血清型（如 A 型）病毒引起的口蹄疫，更不能预防其他疫病，这就是疫苗的特异性。因此制定免疫程序时，必须考虑当地疫病流行情况及其规律、羊群情况、疫苗的种类与性质，必要时还要进行病毒检测，以便对号入座，否则很难能达到有效预防和控制传染病发生的目的。

4. 羔羊能接种疫苗吗？

羔羊年龄太小，免疫应答器官尚未发育成熟，不但不能产生很好的免疫应答，而且会出现严重的不良反应。因此，4 月龄前的羔羊应尽量避免接种那些反应较重的疫苗,如口蹄疫灭活疫苗,如果确需注射,可采取分点注射的办法。羔羊可接种反应较轻的弱毒苗,16～18日龄可接种"羊口疮弱毒细胞冻干苗",20～30日龄可接种"羊三联四防疫苗"。

由于疫苗通常在接种后两周左右才能产生抗体,而羔羊痢疾通常发生在出生后1～2周,如果给羔羊注射羔羊痢疾苗,就无法达到预防效果。因此,羔羊痢疾氢氧化铝菌苗是用于妊娠母羊,即在母羊分娩前20～30天和10～20天时各注射1次,羔羊通过吃奶获得被动免疫,免疫期可达5个月。因此,羔羊不需要接种羔羊痢疾苗。但羔羊通过母羊获得的被动免疫效果也不尽相同,如绵、山羊母羊在妊娠后期接种痘苗只能使羔羊在生后10～20天内靠母源抗体获得保护,但不能使羔羊在整个哺乳期都获得保护。因此,羔羊仍应接种羊痘苗。

5. 山羊不能接种哪些疫苗?

山羊痘活疫苗不仅可以预防山羊痘,而且可以预防绵羊痘,但绵羊痘活疫苗接种给山羊则无效,因此,山羊只能使用山羊痘苗,不宜接种绵羊痘苗。另外,山羊使用无毒炭疽芽孢苗后反应强烈,临床上一般禁止使用。

6. 品种和体况影响疫苗免疫效果吗?

不同品种对同一种疫苗的免疫应答不一定相同,有些品种对某种疫苗免疫应答较好,但有些品种可能较差。个体间这种差异更大,羊群中有少数个体对接种的疫苗无应答。体况太差的羊只往往对疫苗不能产生应答。因此,任何一种疫苗对羊群的保护率都很难达到100%。另外,母源抗体水平也影响免疫效果,羔羊通过胎盘、初乳等渠道从母体获得的抗体叫母源抗体。母源抗体水平过高,会干扰新注射疫苗的免疫效果;母源抗体水平过于低下,羔羊则极易受外界病原的入侵,会面临很大的生存危险。因此,有条件的地方,羔羊注射某种疫苗前应先检测血液中的抗体水平。

7. 日粮的营养水平和质量影响免疫效果吗?

合理营养是维持正常免疫功能的重要条件,当羊体缺乏某些营养素,生理功能及生化指标尚属正常时,免疫功能会表现出各种异常变化,如胸腺、脾脏等淋巴器官的组织形态结构,免疫活性细胞的数量、分布、功能等发生改变。

(1) 蛋白质缺乏 蛋白质是动物体重要的组成成分。如果蛋白质缺乏,则一切器官系统都会发育不良,免疫系统也不例外。上皮、黏膜、胸腺、肝、脾脏、白细胞等组织器官及血清抗体的结构和功能均会受到不同程度的影响,细胞免疫和体液免疫能力、巨噬细胞的数量与活性下降,动物体抵抗感染能力必然下降。对于哺乳母羊来说,蛋白质缺乏会影响泌乳量和乳的品质,乳中蛋白质含量尤其是初乳中免疫球蛋白含量减少,进而影响幼畜的免疫力。

(2) 维生素缺乏 维生素对免疫系统的影响是多方面的:①动物缺乏维生素 A 时,皮肤、黏膜局部免疫力降低,易诱发感染,淋巴器官萎缩,自然杀伤细胞活性降低,细胞免疫反应下降,使机体对细菌、病毒、寄生虫的抵抗力下降。动物补充适量维生素 A,可以提高机体免疫应答,并能产生抑制肿瘤的功效。但过量应用维生素 A 制剂对免疫功能有害。②维生素 E 是体内抗氧化剂,又是有效的免疫调节剂,能促进免疫器官发育和免疫细胞分化,提高机体细胞免疫和体液免疫功能。同时可能通过影响核酸、蛋白质代谢,进一步影响免疫功能。动物缺乏维生素 E 时,体内抗体水平下降,羔羊会出现白肌病、运动障碍和心脏衰弱等症状。③维生素 C 是动物体免疫系统所必需的维生素,参与组织中的胶原蛋白合成,促进动物体内淋巴细胞的形成和干扰素的产生,增强吞噬细胞和网状内皮细胞的活性,保护正常细胞。因此可增强动物对病原体的抗感染能力,而且在动物的抗应激、抗癌症和抗辐射方面具有重要作用。动物缺乏维生素 C 时,淋巴细胞的免疫功能就下降,白细胞杀菌能力也随之减弱,易患各种感染性疾病。④维生素 B_6、泛酸和生物素缺乏可导致皮肤的防御功能降低。

(3) 矿物元素缺乏 许多微量元素在正常免疫反应中起着重要作用,它们直接参与免疫应答过程。钙和锰在激活淋巴细胞作用上具有协同性。提高羊的日粮磷水平可增强细胞免疫功能;镁缺乏会影响血清免疫球蛋白 LgG、LgA 水平,钙与镁在激活淋巴细胞方面具有协同作用;硒具有明显的免疫增强作用,不仅能提高肺泡中谷胱甘肽过氧化物酶的活性,促进吞噬细胞功能,还能促进淋巴细胞产生抗体,并提高其抗体效价。严重缺硒的羊对疫苗无免疫应答;锌是多种酶以及各种激素的组成成分或激活因子,参与机体重要的物质代谢过程,缺锌时会引起上述功能紊乱或障碍,使机体生长发育缓慢,免疫器官重量明显减轻,抵抗力降低。缺锌可导致免疫器官萎缩、免疫细胞减少和抗体水平下降;铁是一种造血元素,是血红蛋白的重要组成成分,动物缺铁时,白细胞杀菌能力降低,感染性疾病的患病率增加,机体死亡率升高;铜能刺激动物机体产生非特异性免疫,提高抗病力。动物缺铜也可导致免疫功能下降。

(4) 营养不平衡 各种营养物质在动物体内并不是孤立地起作用的,它们之间存在着复杂的相关关系,不论是蛋白质与能量、维生素和矿物元素之间,还是矿物元素与维生素之间、组成蛋白质的氨基酸之间以及各种矿物元素之间都要相互平衡。任何一种成分的缺失或过量都会影响其他成分的吸收与利用,如日粮中钙过高会影响磷、镁、锌的吸收,铁过高会降低铜的吸收。硫缺乏易引起铜中毒。铜缺乏可引起锌中毒。维生素 D 缺乏影响钙、磷吸收。各种营养素的不平衡不仅影响动物的生长与生产,而且易造成免疫器官发育不健全和免疫功能抑制。

(5) 饲料霉变 在日粮中霉菌毒素可极大地影响免疫效果。几乎所有的霉菌毒素对免疫系统都有破坏作用,其中危害最严重的是黄曲霉毒素。黄曲霉毒素可通过影响细胞媒介免疫反应,引起淋巴细胞对植物血凝素响应的抑制,减少抗体的产生,降低巨噬细胞的噬菌能力,减少补体。抑制蛋白质合成,使体内干扰素产生延迟,淋巴因子的激活延迟。另外,黄曲霉毒素会降低接种疫苗后获得性免疫的功效,造成免疫失败。总之,饲料中的霉菌毒素对养羊业的危害是不可忽略的。

8. 羊群免疫接种失败的原因有哪些?

(1) 疫苗保存不当 由于缺乏保管疫苗的常识或缺少低温保存条件,将疫苗置于常温下,或在运输过程中没有降温防晒装置,造成疫苗失效。

(2) 接种疫苗不及时 有人认为自己的羊群曾接种过一次疫苗,不会发生疫病。事实上,不同疫苗的免疫期并不相同,应根据每种疫苗的免疫有效期,做好下次接种准备。

(3) 接种方法不当 如果不注意阅读疫苗接种说明书,将要求皮下接种的疫苗肌内注射,或者同时接种多种疫苗,或者接种过期疫苗,可造成免疫失败或诱发疫病。其原因是:应注射在皮内的疫苗需要缓慢吸收,刺激机体产生抗体,如果注射在肌肉内,会被机体很快吸收,造成严重应激反应,而不能产生相应的抗体;同时接种多种疫苗也可造成严重应激反应,免疫失败;过期疫苗不仅完全丧失抗原功效,接种后不能刺激羊只产生抗体,反而会因疫苗本身变质而引起局部组织化脓、坏死。

(4) 随意增加疫苗用量 过量的疫苗可引发羊群强烈的应激反应,导致应激麻痹,甚至引发本应该预防、控制的疾病。

(5) 未对羊群进行健康检查 接种疫苗可引起羊只的应激反应,而患病羊只和弱羊对这种应激反应更强烈,因此,这类羊只应在恢复健康后再进行疫苗接种。

9. 羊接种疫苗后出现死亡的原因是什么?

一是接种疫苗时,羊已潜伏有强毒病原微生物,只是未表现出明显的临床症状,接种疫苗后导致病毒毒力增强而发病。

二是接种人员和接种用工具带入强毒微生物。

三是疫苗选用不当。所选用的疫苗与可能发生的疫病不对应,如有人给羊接种了三联四防苗,但却希望预防山羊痘病。因为疫苗具有特异性,三联四防苗对山羊痘没有预防效果。

四是有些疫苗接种后反应较重,如口蹄疫苗。

10. 接种疫苗、菌苗或类毒素时应注意哪些事项?

(1)检查灭活苗、类毒素、血清等是否按规定保存在低温、干燥、阴暗处。温度应保持在2℃～8℃之间,防止冻结、高温和阳光直射。羊链球菌氢氧化铝灭活苗、羊肺炎支原体氢氧化铝灭活苗和山羊传染性胸膜肺炎氢氧化铝灭活苗等保存的最适宜温度是2℃～4℃,温度太高会影响保存期。冻结可破坏氢氧化铝的胶性以至失去免疫活性。弱毒苗(如山羊痘细胞化弱毒苗)最好在-15℃或更低的温度条件下保存,才能保持其效力。各种超过保存期的制品不得使用。

(2)使用前要逐瓶检查。凡瓶体有破损、瓶盖松动、没有标签或标签不清、过期失效、制品的色泽形状与说明书内容不符、没有按规定方法保存等都不能使用。

(3)接种前必须检查羊只的健康状况。凡身体瘦弱、体温升高的羊,妊娠或分娩不久的母羊,患病羊或有传染病流行时,一般都不宜进行接种。

(4)接种时,注射器械和针头必须经过严格消毒。吸取疫(菌)苗的针头必须是一只羊一个,以避免将带菌(毒)羊的病原体传给健康羊。疫(菌)苗的用法和用量以说明书为准,用前充分摇匀,开封后当天用完。

(5)接种弱毒活菌苗前后1周,羊群应停止使用对菌苗敏感的抗菌药物。各种疫(菌)苗接种前后,应加强羊群的饲养管理,注意青绿饲料的供给,以缓解应激反应。

(6)接种用具,包括疫(菌)苗稀释过程中使用的非金属器皿,在使用前必须清洗、消毒。接种结束后,应及时将所有的器皿及剩余的疫苗经煮沸消毒,然后清洗,以防散毒。

(7)注意观察免疫接种后羊的表现。羊在免疫接种后,可能出现短时间的体温和食欲变化,如果出现体温明显升高、食欲不振、精神委靡或表现出某种传染病的症状时,必须立即隔离治疗。

11. 羊为什么不能口服抗生素药物?

因为羊的瘤胃没有消化腺体,不分泌消化液,但瘤胃中寄居着数量巨大的细菌和纤毛虫,这些微生物能分泌淀粉酶、蔗糖酶、蛋白酶、纤维素酶、半纤维素酶等,这些酶可将饲料中的糖类、蛋白质,尤其是动物消化液中的酶不能消化的纤维素、半纤维素等物质逐级分解,最终产生挥发性脂肪酸等物质,同时产生大量气体CO_2、CH_4等,通过嗳气排出体外。瘤胃微生物能直接由饲料蛋白质分解的氨基酸合成菌体蛋白,还可利用NH_3合成菌体蛋白、必需氨基酸、必需脂肪酸和B族维生素等供羊利用。口服抗生素会破坏胃肠道的有益菌群,因此,要严禁口服。瘤胃没有发育完全的羔羊可以口服抗生素,但也要严格掌握剂量,更不宜长期服用。

12. 羔羊长期大剂量使用土霉素有什么危害?

土霉素能干扰蛋白质的合成,因此具有广谱抗菌性,能抑制多种细菌、较大的病毒及一部分原虫。浓度高的土霉素具有杀菌作用,主要用于治疗呼吸道和肠道感染。但土霉素进入动物体后,吸收快,排泄慢(达12小时以上),不论一次大剂量或连续超剂量用药均能引起中毒,可使肠道菌群失调,引起霉菌与其他细菌继发感染,使不敏感的或具有耐药性的细菌大量繁殖,从而对动物有机体产生危害。土霉素还可使动物肝脏发生脂肪变性,对肝酶系统产生不利影响,并改变机体中的凝血因子,导致凝血障碍,对消化道黏膜刺激性较强,在酸性环境中对局部刺激性更强。羊口服中毒时,出现呕吐、腹泻、黄疸等现象,有的发生昏睡,全身肌肉松弛,伏卧不安,耳尖发冷,心跳加快,甚至死亡。注射中毒则表现为狂躁不安,全身痉挛,肌肉震颤,张口呼吸,口吐泡沫,结膜潮红,瞳孔散大,反射消失,呼吸、心跳加快。绵、山羊一旦发生土霉素中毒,可采取下列应对措施:①内服中毒时,可灌服1‰~2‰碳酸氢钠液200毫升或静脉注射糖盐水200毫升、5%碳酸氢钠10~20毫升,以减轻其毒副作用并促进其排泄。②注射中毒时,可静脉注射5%碳酸氢钠20~50毫升、糖盐水200毫升、樟脑磺酸钠3~5毫升。③出现过敏反应时,可皮下注射盐酸苯海拉明20毫克或0.1%肾上腺素1~2毫升。

13. 使用消毒药和抗菌药物时应注意什么问题?

(1)生石灰不能与漂白粉、钙、铁、重金属、盐类、有机化合物等混用。

(2)漂白粉不能与酸类、福尔马林、生石灰等混用。

(3)高锰酸钾不能与有机物、酒精、氨等混用。

(4)青霉素遇碱性药物、酸性药物、氧化剂、高锰酸钾、过氧化氢溶液、重金属盐(铜、汞、铅等)失效。

(5)四环素遇生物碱、含氯消毒剂、挥发油等失效。

14. 每年春、秋两季必须给羊群驱虫吗?

给羊群驱虫通常分为预防性驱虫和治疗性驱虫两种。预防性驱虫是在发病季节到来之前,用药物给羊群进行驱虫,一般在每年4～5月份及10～11月份各驱虫1次;而治疗性驱虫一般根据羊群粪便的检查情况或对死羊的解剖结果,依感染轻重对症驱虫。根据不同寄生虫病流行病学特点、寄生虫生活特性选用不同的抗寄生虫药物进行驱虫。但羊群驱虫不是例行公务,不管是预防性驱虫还是治疗性驱虫,最好能在对粪便虫卵检测的基础上进行。如果经过检测,确认羊群没有感染寄生虫,就没有必要在这一时期对羊群进行驱虫。因此,定期检测是至关重要的。

15. 为什么说胃肠道线虫病是为害放牧羊群最主要的寄生虫病?

羊胃肠道线虫主要有捻转血矛线虫、奥斯特线虫、马歇尔线虫、仰口线虫、夏伯特线虫、毛首线虫等。在每年的4～11月份,羊群在带有这些线虫虫卵的草场上放牧,就可不断地感染这些寄生虫,虫体在羊体内约45天便可发育成熟,并向体外排卵;羊体内的虫体以秋季感染量最多,冬季荷虫量达到高峰。羊体内的成虫在冬季排卵量较少,幼虫隐藏在肠绒毛凹窝中,以滞育的方式越冬,待到来年3月后,虫体在羊体内开始快速生长,大量吸血、夺取羊只营养,并很快发育为成虫,向体外大量排卵,如果不转换草场,羊群就永远摆脱不了线虫的反复感染。

16. 为什么春季胃肠道线虫对羊群的为害最大?

一般来说,春季草场牧草质量差、数量少,羊只大多处于营养不良状态(全年体质最差阶段),有些母羊处于孕期,需要消耗大量的营养,而此时正是胃肠道线虫的快速发育期,寄生虫大量吸血、夺取羊只营养,损伤胃肠黏膜,造成羊只营养不良、消瘦、患肠炎、腹泻、母羊流产,感染严重的羊只就会发生死亡。据报道,新疆每年春季死亡的羊只达几十万只,青海省每年因春乏死亡的羊只占全年羊只死亡总数的30％以上,对养羊业的影响极大。因此,提前驱除胃肠道线虫对羊群春季的正常生活与生产是至关重要的。

17. 羊群什么时间驱虫效果最佳？

研究人员认为,北方地区羊群在冬季驱虫效果最好,春季驱虫效果较差。因为虫卵在低于4℃和高于40℃时发育停止。冬季驱虫可全部驱出秋末初冬感染的所有幼虫和少量残存的成虫;驱出体外的成虫、幼虫和虫卵在低温状态下很快死亡,不可能发育为感染性幼虫,不造成环境污染,并可阻断寄生虫的发育史,使驱虫后的羊只在相当长的一段时间内不会再感染虫体,或感染量极少,这样就可有效地减少寄生虫的危害,达到无害驱虫的目的。春季寄生虫处于快速发育期,可对羊只造成严重危害(春乏死亡)。而且羊体内寄生虫已发育成熟,并开始排卵,污染环境,驱虫后可造成羊只再次感染。秋季驱虫同样达不到理想效果,因为这时羊群仍然在草地上放牧,虫卵排在草地上,羊在采食牧草时会将虫卵吃下,也会造成再次感染。

18. 母羊在冬季驱虫是否影响胎儿的发育？

公羊在冬季基本上不配种,因此,冬季驱虫没有严重的不良后果。但对大多数繁殖母羊来说,冬季正值妊娠期,不适时驱虫可能伤及胎儿。一般来说,母羊在妊娠第1个月和最后1个月不宜驱虫,此时驱虫容易引发流产。但在妊娠第2～4个月时,使用低毒驱虫药不会对胎儿造成危害,如阿维菌素(克虫星、阿福丁)、伊维菌素等。

19. 羊群转入新草场前为什么要驱虫？

一般来说,新草场在放牧前经过一个严冬或一个炎热的夏天,草场中的感染性幼虫在低温或高温等不利条件下会大量死亡,草场得到自然净化。羊群转入后,感染寄生虫的机会相对较低,可保持较长时间的低荷虫量。但如果转入羊群在转场前没有驱虫,每天都会随粪便排出大量的虫卵,草场很快被污染。因此羊群在转场前必须驱虫。驱虫最好在圈舍内进行并舍饲1～2天,待虫卵全部排除后,对粪便进行清理,并经过生物热发酵杀死虫卵,防止虫卵污染草场,达到驱虫的理想效果。

20. 如何驱除羊体外寄生虫？药浴时应注意哪些事项？

当羊体局部出现疥癣等皮肤病时,可用1%～2%敌百虫溶液、硫磺合剂(硫磺加食用菜油)涂擦患部,也可在皮下注射阿维菌素等。如果疥癣面积较大或感染了虱子,涂抹药物对羊的伤害较大,宜通过注射药物予以治疗。药浴可以杀灭虱子,但对疥癣效果较差。药浴是预防羊螨病及其他体表寄生虫的主要方法。各羊场和农户必须在春、秋两季对羊群进行一次药浴。药浴要选择晴朗的天气,绵、山羊分别在剪毛和抓绒后7～10天进行,可选用0.5%～1%敌百虫溶液或0.05%蝇毒磷溶液等,利用药浴池(图9-1)、大锅或大缸进行药浴,也可采用高压喷枪喷雾的办法,具体选择哪种方法,应根据羊的数量、被毛厚度和场内设施条件而定。每次药浴1～2分钟即可,但必须让药液浸透羊全身,临近出口时应将羊头按入药液内1～2次。对新购进羊只,应尽早进行药浴,以防带入病原。为了提高药浴效果,间隔7～8天可再进行一次。

药浴时应注意下列事项：①妊娠母羊不宜药浴。②药浴前8小时停止放牧或饲喂,药浴后6～8小时方可喂料或放牧。③入浴前2～3小时让羊饮足水,以免入池后误饮药液。④先让健康羊药浴,后让患病羊药浴。

21. 驱除羊体内寄生虫与免疫接种可同时进行吗？

在给羊只进行体内寄生虫驱除的同时接种疫苗可导致羊免疫

九、羊病的预防与治疗

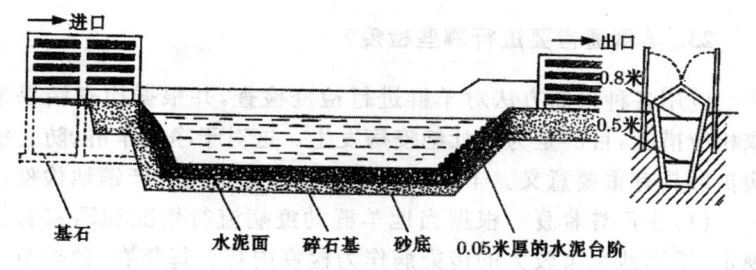

图9-1 药浴池示意图

失败。其原因：一是羊应激严重，易出现免疫麻痹；二是驱虫药影响免疫效果，如伊维菌素对羊免疫活性系统有抑制作用，而且可持续6周之久。因此，注射伊维菌素的羊应当在间隔1.5~2个月后，方可接种疫苗。

22. 为什么要经常给羊修蹄？如何给羊修蹄？

蹄是皮肤的衍生物，不断生长，所以要经常修剪。长期不修剪，蹄甲过长，不仅影响行走，而且会引起蹄病，使蹄尖上卷、蹄壁裂开、四肢变形，甚至给采食带来极大不便。严重时，公羊不能配种，失去种用价值；母羊妊娠后期行动困难，常呈躺卧姿势，影响采食，还影响腹内胎儿的正常发育。羊的修蹄工作最好在雨后进行，这时蹄质变软，容易修理。修蹄时，先将羊固定好，操作人员用左腿夹住羊的肩部，左手握蹄，右手持刀，从左前肢开始修剪，先去掉蹄底污物，并用果树剪将生长过长或变形的蹄甲剪去，再用利刀或专用修蹄刀将蹄甲边缘修整到和蹄底一样平整、光滑。修蹄时动作要准确、有力，一层一层地往下切削，不可一次修剪过深而伤及蹄肉。修好的蹄子，底部平整，形状方圆，羊只站立端正。已经变形的蹄子需要经过几次修理才能矫正，不可操之过急。舍饲羊群每2~3个月就要修1次蹄。

23. 羊群通常要进行哪些检疫？

应用各种诊断方法对羊群进行检疫检查，并根据检查结果采取相应措施，目的是为了杜绝疫病发生。这对于净化羊群、防止疫病扩散具有重要意义。羊群检疫分为生产性检疫和产销地检疫。

(1) 生产性检疫 根据当地羊群的疫病流行情况和国家有关规定，把当地危害较大的传染病作为检疫内容。每年春、秋季节定期检疫。把检出患布鲁氏菌病、结核病等病羊淘汰、捕杀或按有关防疫规定处理。

(2) 产销地检疫 购羊时，首先要了解产地羊群的传染病流行情况。不论出自于何种购羊目的，必须从非疫区购入，并经当地兽医检疫部门检疫、签发检疫合格证明书；羊入场前应隔离观察15～30天，确认为健康羊后，再经驱虫、消毒和补种疫苗，方可加入原有羊群。此外，还应防止饲料、用具及羊产品等带有疫病，特别是传染病和寄生虫病。羊场向外售羊，也应按规定检疫并开具检疫合格证明书。

24. 怎样识别病羊？

由于羊对疾病的抵抗力较强，一般情况下表现出的症状不太明显，因此应经常仔细观察羊群表现，特别注意下列行为的变化。

(1) 行为姿势的变化 健康羊通常表现为自由自在地活动，如静静地站着或卧着、步行活泼而稳定、对轻微的刺激有警觉性等。而患病羊则表现为离群呆立或掉队缓行，跛行或作圆圈运动，四肢僵直或行动不便或缓慢。

(2) 食欲和体况变化 食欲正常的羊趋槽、摇尾、采食行动敏捷，反刍正常；而病羊表现为欲吃而止、忽多忽少、喜舔泥土或吃草根、反刍减少或停止等。患一般急性病时，如急性瘤胃臌气病等，病羊身体仍然肥壮；而一般慢性病，如营养缺乏病和寄生虫病等，病羊身体多为逐渐消瘦。

(3) 被毛皮肤变化 健康羊被毛平整,不易脱落,且有光泽和油性;皮肤柔软并有弹性。病羊则被毛粗乱蓬松,无光泽,易脱落;皮下可能有水肿或肿胀,患螨病时,皮肤变得十分粗硬。

(4) 眼睛变化 健康羊眼睛明亮,眼角干净,翻开下眼睑所看到的眼结膜呈粉红色。病羊则可能流泪或畏光,眼角有眼眵,眼结膜多呈苍白色(贫血症)或黄色(黄疸病)或蓝色(多为肺、心脏患病)等。

(5) 粪尿变化 正常时,羊粪呈小球形,硬而不干,没有难闻怪味,不含大量未消化的饲料;尿液清澈,不带血、黏液或浓汁等;羊排粪、排尿均不费力。但在患病时,羊粪可能有特殊臭味(见于各型肠炎),表现为过于干燥(缺水和肠弛缓)、过于稀薄(肠功能亢进),或带有大量黏液(肠卡他性炎症),或混有完整谷粒(消化不良)、纤维素膜(纤维素肠炎),或呈黑褐色(前部肠管出血)、鲜红色(后部肠管出血)等;排尿次数和尿量过多或过少,排尿痛苦、失禁等。

(6) 呼吸变化 正常时,绵羊每分钟呼吸12～18次,其中羔羊和成年羊分别为12～15次和15～18次;山羊一般每分钟呼吸12～20次,但布尔山羊为28.6次,羔羊达30次。病羊的呼吸次数或增多(见于热性病、心脏衰弱及贫血等病),或减少(见于某些中毒、代谢障碍等病)。当然,在正常运动或受惊吓刺激后、在环境温度过高或通风不良等情况下,羊也会表现为呼吸次数增加。

(7) 体温变化 正常情况下,绵羊的体温为38.5℃～40℃,山羊为37.2℃～39.6℃。但羊的体温受性别、年龄、季节、早晚、妊娠及分娩的影响,如新生羔羊体温比3～6月龄羔羊略高,下午比上午约高0.5℃,炎热的夏季比寒冷的冬季约高1℃,妊娠母羊比非妊娠母羊约高0.5℃。另外,运动之后或过度兴奋均可使羊体温上升。羔羊体温一旦低于37℃,如不及时采取措施就会很快死亡。

(8)脉搏变化 羊的脉搏变化受生理状态、气温以及活动量的影响较大。放牧羊只的脉搏一般为70~80次/分,妊娠后期母羊和羔羊更快些。患病羊的心率有一定变化,如发烧、心肌炎初期以及患疼痛性疾病时,心率加快。但脉搏太慢表明健康状况较差,当病羊脉搏减至40次/分以下时,就很难救活。在高温环境条件下,绵、山羊的心率可达100次/分以上。放牧归来或受惊吓后,脉搏也会加快,因此羊群的脉搏变化应在安静状态下检查。

25. 羊为什么会出现生产瘫痪病?怎样防治?

生产瘫痪又称乳热病或低钙血症,是一种急性而严重的神经疾病。其特征为咽、舌、肠道和四肢发生瘫痪,失去知觉。主要见于成年母羊,发生于产前或产后数日内,偶尔见于妊娠时期。山羊和绵羊均可患病,但以山羊比较多见,有些高产奶山羊几乎每次分娩以后都会重复发病。

该病的病因目前还不十分清楚,可能是因为大量钙质随着初乳排出,或者是因为初乳含钙量太高,使羊只血糖和血钙下降。也有人认为,生产瘫痪是由于神经系统过度紧张而发生的一种疾病。即使在产羔之前饲喂高钙日粮,也不能避免这种疾病的发生,相反如果在产前喂以高磷低钙饲料,羊就能动用骨钙补充血钙,从而避免发生低钙血症。

(1)预防 给产前母羊提供低钙日粮。对于发病较多的羊群,应在此基础上,采取以下综合预防措施:①在整个妊娠期间都应供给富含矿物质的饲料,同时注意维生素D的补充。②产前应保持适当运动。但不可运动过度,因为过度疲劳反而容易引起发病。③奶羊产后不要马上挤奶,第一、第二次不要把奶挤净,防止钙从初乳中大量排出造成血钙骤降。④注意羊体卫生,保持羊舍安静,防止母羊在分娩时发生应激反应。⑤对于习惯发病的羊,分娩后,尽早静脉注射葡萄糖酸钙。

(2)治疗 ①纠酸补糖。本病特征是低糖高酮,机体伴有酸中毒,所以最好选用5%碳酸氢钠液250毫升、50%葡萄糖200毫升静脉滴注,尽快提高血糖浓度和纠正酸中毒。②减负。产前母羊一旦卧地不能站立,所产的羔羊也会因体弱而死亡,因此可通过及时引产减轻母羊的负担。③对症治疗。为防止肌肉萎缩可注射维生素B_{12}。

26. 母羊产后为什么会发生胎衣不下？怎样防治？

母羊产后排出胎衣的正常时间为2.5(1～5)小时,如果产后超过14小时胎衣仍然不能排出,就可看作胎衣不下。

(1)病因 母羊发生胎衣不下的原因很多,主要是：①妊娠期(尤其是妊娠后期)运动不足导致子宫收缩迟缓。②营养不平衡(饲料中缺乏维生素、钙盐和硒等其他矿物元素)导致子宫收缩无力。③多胎、胎水过多、胎儿过大导致子宫伸张过度。④体弱、流产导致子宫收缩不足。⑤子宫内膜发炎,子宫黏膜肿胀,使绒毛不容易从凹陷内脱离。⑥胎膜发炎,绒毛肿胀,与子宫黏膜紧密粘连,即使子宫收缩,也不容易脱离。⑦布氏杆菌病等也可引起胎衣不下。

(2)症状 胎衣不下可能表现为全部不下,也可能是部分不下。未脱下的胎衣经常垂吊在阴门外,病羊经常拱腰努责。胎衣如果长期滞留不下则会发生腐败,从阴户中流出污红色恶露,其中混杂有灰白色未腐败的胎衣碎片等。腐败产物还可引起羊体中毒,病羊食欲减退或废绝,精神不振,喜卧地,体温升高,呼吸脉搏加快。如果治疗不及时,可导致败血症,甚至死亡。

(3)预防 ①加强妊娠母羊的饲养管理,不仅要供给足够而平衡的营养,还要注意放牧运动,及时治疗子宫疾病,配种前1～2周完成疫苗接种计划。②在母羊配种前、妊娠中期和妊娠后期分别注射1次亚硒酸钠维生素E注射液。

(4)治疗

①**手术剥离** 对产后14小时胎衣仍不脱落的母羊,应尽早进行手术剥离。首先用消毒液清洗外阴部和胎衣,再用鞣酸酒精溶液冲洗和消毒术者手臂,并涂上消毒软膏。剥离前,先用消毒好的橡皮管向子宫注入35℃左右的0.1%高锰酸钾温溶液500毫升。剥离时,先将手伸入子宫,将绒毛膜从母体子叶上剥离下来。剥离时,由近及远。先用中指和拇指捏挤子叶的蒂,然后设法剥离盖在子叶上的胎膜。剥离过程尽可能小心,以防损伤子叶。剥离完成后,取土霉素2克,溶于100毫升生理盐水中,注入子宫腔内,也可向子宫内注入0.2%普鲁卡因溶液30～50毫升。

②**自然剥离** 先用0.1%高锰酸钾溶液冲洗子宫,然后向宫内投放土霉素胶囊0.5克,让胎膜自行排出,达到自行剥离的目的。当体温升高时,肌内或静脉注射抗生素药物。

③**皮下注射催产素** 如果母羊阴门和阴道太小,无法实施手术剥离,可皮下注射催产素2～3单位,间隔8～12小时,再注射1次,连续注射2～3次。同时用温生理盐水冲洗子宫。

④**全身治疗** 如果胎衣在子宫内停滞时间过长,有引发败血症的危险,就尽早进行全身治疗。方法一,肌内注射青霉素80万～160万单位,每天3次,同时肌内注射链霉素1克,每天2次;方法二,静脉注射10%～25%葡萄糖注射液300毫升、40%乌洛托品10毫升,每日1～2次;方法三,用10%冷食盐水冲洗子宫,待盐水排出后给子宫注入青霉素80万单位及链霉素1克,每日1次,直至痊愈。

27. 什么叫羔羊白肌病?怎样防治?

白肌病是因肌肉营养障碍引起心肌和骨骼变性的一种疾病,故又称肌肉营养不良症。常见于降水多或灌溉地区或豆科牧草地

九、羊病的预防与治疗

放牧羔羊、早龄补饲羔羊和供给高营养日粮羔羊。主要原因是羔羊缺硒、缺维生素 E 或硒与维生素 E 同时缺乏造成的。

(1) 症状 羔羊在出生后数周或两个月后发病。病羔羊弓背,四肢无力,精神不振,后肢僵直,站立困难,卧地不起,但仍思食,有哺乳或吃食愿望。该病呈慢性经过时,增重慢,有呼吸道病样,直肠脱出;死亡前常呈昏迷状,呼吸困难;死后剖检,见骨骼肌苍白。

(2) 防治 繁殖母羊在配种期和妊娠后期注射 1 次亚硒酸钠维生素 E 注射液或在饲料中添加含硒微量元素即可预防白肌病。羊群一旦发病,可及时注射亚硒酸钠维生素 E 注射液。

28. 公羊为什么发生尿结石?怎样预防?

引起尿结石(石淋)的主要原因是饲料中钙、磷比例不平衡。多见于精饲料饲喂量较大、运动量较小的公羊。

(1) 症状 发病早期的公羊表现为不排尿、腹痛、不安、紧张、频有排尿姿势、起卧不止、踢腹、甩尾、离群、拒食。后期则排尿努责,痛苦哞叫,尿中带血。尿道结石可致膀胱破裂。

(2) 预防 ①配合饲料中钙、磷比应保持 2∶1。②精饲料中添加 2% 氯化铵或 1% 碳酸氢钠。③日粮中加入足量的维生素 A。④供给足够的饮水。⑤加大食盐喂量,一般占日粮的 1%～1.5%,刺激羊多饮水,减少结石生成。⑥注意尿道、膀胱、肾脏炎症的治疗。

29. 绵羊为什么会出现非正常性掉毛现象?

除了疥癣等皮肤病外,营养缺乏是导致羊脱毛的最常见的原因。在枯草季节,羊往往吃不饱,造成严重的营养缺乏,出现"饥饿毛"。主要表现是:毛根细、不结实、易脱落,严重时在羊脖子、肩、上腹、背部成块脱落,这就是所谓的营养性脱毛。为了防止这种掉毛,入冬后,除对绵羊放牧外,应再供给一定数量的草和料增加营养,尤其是保证给足干草,精料只能用来作为营养的补充,如果有青贮饲草或其他青饲精料更好。另外,矿物元素缺乏也可引起羊脱毛,多数学者认为羊脱毛与日粮锌、铜缺乏有关,缺硫也是一个很重要的原因。可通过补充锌、铜、硫等元素予以治疗。

30. 羊为什么会发生佝偻病?怎样防治?

佝偻病是由于羔羊在母体内或出生后发育期间,因维生素D缺乏或不足,钙、磷代谢障碍而引起骨质组织发育不良的一种疾病。由于饲料中维生素D的含量不足,导致羔羊体内维生素D缺乏,直接影响钙、磷的吸收和血液钙、磷的平衡。此外,即使维生素D能满足羔羊的需要,但母乳及饲料中钙与磷比例不当或缺乏以及多种原因的营养不良均可诱发本病。

(1) **症状** 本病发展缓慢,典型症状出现前,主要表现为食欲不振、异食、瘤胃臌气、腹泻等。发病后,主要表现为发育不良,生长缓慢,体弱无力,下颌肿胀,不愿走动,呼吸和脉搏增快,跛行。骨骼变形,四肢常呈"O"形。关节肿大,脊柱下弯凹陷,骨盆狭窄,头骨变形,牙齿发育、更换均表现异常,容易脱落。

(2) **预防** 加强妊娠母羊和哺乳母羊的饲养管理。饲料中应富含蛋白质、维生素D和钙、磷,并注意钙、磷比例的适当搭配,供给充足的青绿饲料和青干草,按需要补充食盐和各种微量元素,适当增加运动量和日照时间。

(3) **治疗** ①肌内或皮下注射维生素D_2胶性钙5 000~20 000单位,每周1次,连用3次。②灌服或肌内注射精制鱼肝油3~4毫升,每周2次,连用2~3周。③静脉滴注10%葡萄糖酸钙注射液5~10毫升。

31. 羊为什么会发生黄脂病?

黄脂病,又称黄染病。羊在患病初期,表现为食欲不振、精神沉郁,有些羊出现抽搐、磨牙、异食、腹泻等现象,眼结膜充血,分泌物增多,有的头部水肿,尿呈黄色,渐进性消瘦,最后衰竭而死。病程一般10~20天,个别羊的病程长达2个月以上。剖检后,可见尸体极度消瘦,皮肤呈淡黄色,皮下高度黄染;胃底黏膜充血、出血;肝肿大,呈橘黄色或呈棕黄色和黄红色相间的条块状病灶;胆囊充盈,胆汁黏稠;肾肿大,皮髓质界限不清;全身淋巴结发生程度不同的水肿。蔡文华等人调查认为,羊群发生黄染病与饲喂霉变饲草有关,是一种杂色曲霉和构巢曲霉为主的真菌毒素中毒病。也有人认为,黄染病是由于动物大量采食富含高级不饱和脂肪酸的动物性饲料,如鱼肝油渣、蚕蛹等,或者缺乏维生素E或其他抗氧化剂所致,是一种以脂肪组织严重炎症和脂肪细胞内沉积蜡质样色素为特征的营养性疾病。但总的来说,黄染病是由于羊群饲喂不当引起的,生产中应尽量避免饲喂霉变饲料和动物性饲料。

32. 羊为什么会出现青草抽搐症？怎样防治？

青草抽搐症也叫低血镁强直症。饲料中矿物质缺乏或不足,使血液中镁、钙含量急剧下降,导致动物神经兴奋性增高,发生肌肉痉挛、抽搐等症状。常发生在牧草生长茂盛的夏季,羊吃了幼嫩多汁的牧草后易出现此症。泌乳奶羊也容易发病。病羊通常表现为行动蹒跚,过度兴奋,肌肉搐搦,磨牙。如果不治疗,就会迅速倒地,痉挛,口吐白沫,昏迷而死亡。

(1) 预防 ①补饲含镁矿物质。在精料中添加菱镁矿石粉,每天每只羊可按8克加入;或加入氧化镁,每天每只羊按7克加入(相当于4.22克镁),或隔日加14克。这两种方法均有明显效果,补饲开始即产生保护作用,停止补饲其作用立即中断。②改善草场植被中的镁含量。按每公顷喷洒14千克菱镁矿石粉,或者在肥料中加入氧化镁,都有预防低镁血症的作用。

(2) 治疗 ①取20%硫酸镁溶液40~60毫升,一次皮下多点注射,可使血镁浓度很快升高,效果很好,但必须在病的早期进行,因为低镁血症是迅速致死性疾病。②取25%硼葡萄糖酸钙和5%次磷酸镁混合液(1:1)80毫升,1次缓慢静脉注射,效果更好。

33. 羊为什么会出现异食癖？怎样预防？

异食癖又叫异嗜癖,是以消化紊乱,味觉异常为特点的许多代谢病的一种症状。其特征是食欲反常,专嗜舔食或咀嚼平时不吃的各种异物。引起异食癖的因素很多,也很复杂,但主要因素是：钙、磷、钠、钴、铜、铁、硫、锌、硒等矿物元素缺乏或不平衡；维生素A、维生素D、维生素E不足或缺乏；某些蛋白质和氨基酸缺乏。另外,圈舍拥挤、通风和采光不良、饮水不足或患有某些寄生虫病等也是诱发因素。

预防措施有：①应根据羊的不同生长、生产阶段的营养需要,供给必需数量的能量、蛋白质、矿物质和维生素,饲喂配合饲料,保证营养物质的合理供给。②合理安排羊群的密度,搞好环境卫生。尤其注意圈舍空气流通,保持圈舍干燥和清洁。③驱赶羊群进行适当的运动,多晒太阳,增强体质。④提供充足的饮水。⑤定期驱除羊体内、外寄生虫。

34. 羊为什么会出现瘤胃酸中毒？怎样防治？

羊采食过多的精饲料、突然改变日粮或饲养方式、日粮结构不合理等都可使瘤胃产生过多的乳酸,进而引起瘤胃微生物区系失调和功能紊乱,即乳酸酸中毒。因此,瘤胃酸中毒是一种代谢性疾病。

日粮谷物类型和加工方法不同,酸中毒发生的几率也不同。玉米通常因适口性好、热能高,大量用于动物配合饲料中。但玉米的淀粉含量高达70%～75%,淀粉在家畜瘤胃中的发酵速度快,发酵程度高,产生大量乳酸。据报道,羊饲喂玉米8小时内瘤胃乳

九、羊病的预防与治疗

酸浓度上升缓慢,8小时后迅速上升。当玉米的饲喂量达到每千克体重60~80克时,羊出现酸中毒,饲喂量达到每千克体重100克,可视为致死量。但在相同喂量的条件下,小麦和大麦比玉米更容易引起酸中毒。

(1) 症状　羊发生瘤胃酸中毒的症状有轻重缓急之差。急性发作的病羊:一般喂料前食欲、泌乳正常,喂料后羊不愿走动,行走时步态不稳,呼吸急促、气喘,心跳加快,常于发病后的3~5小时内死亡。死前张口吐舌,甩头蹬腿,高声哞叫,从口内流出泡沫样含血液体。发病较缓的羊只:病初兴奋甩头,后转为沉郁,食欲废绝,目光无神,眼结膜充血,眼窝下陷,表现出严重脱水症状。部分母羊产羔后瘫痪卧地、呻吟、流涎、磨牙、眼睑闭合,呈昏睡状态,左腹部膨胀,用手触之,感到瘤胃内容物较软,犹如面团。多数病羊体温正常,少数病羊发病初期或后期体温稍有升高。大部分病羊表现口渴,喜饮水,尿少或无尿,并伴有腹泻症状。

(2) 预防　①控制淀粉的摄入量。由于淀粉在瘤胃中的发酵速度快且发酵程度高,因此控制淀粉的摄入是防止瘤胃酸中毒的主要技术措施。在生产中,如果需要增加精饲料水平,必须通过递增法逐步增加到计划饲喂量,使瘤胃能够逐渐适应饲料的变化。此外,将发酵速度不同的几种谷物饲料以适当的比例搭配使用。②中和瘤胃产生的部分有机酸。酸中毒是由于瘤胃中有机酸的积累过多而造成的。因此,可以通过增加进入瘤胃的碱性物质或缓冲物质或增加以产生碱性物质或缓冲物质的饲料原料来中和瘤胃产生的大量有机酸。目前最常用的措施是在日粮中直接添加0.5%~1.0%的碳酸氢钠(以精料干物质为基础)等缓冲剂和增加日粮中有效中性洗涤纤维的含量。③在日粮中适当增加高纤维素饲料,如农作物秸秆。

(3) 治疗　①静脉注射生理盐水或10%葡萄糖氯化钠500~1000毫升。②静脉注射5%碳酸氢钠20~30毫升。③肌内注射抗生素类药物。④当患羊表现兴奋甩头等症状时,可静脉滴注20%甘露醇或25%山梨醇25～30毫升,使羊安静。⑤当患羊中毒症状减轻时,可对脱水症状缓解、仍卧地不起的患羊静脉注射葡萄糖酸钙20～30毫升。

35. 羊会发生食盐中毒吗?

羊对食盐的日需要量为5～10克。当配合饲料中的盐添加过量、添加的食盐混合不均匀、饮用高浓度盐水或饮入大量盐水时,羊会出现食盐中毒。另外,酱油渣中的含盐量为7%～8%,甚至更高,如果单独或大量喂羊也可引起食盐中毒。

食盐中毒的发生与饮水量有关。当羊摄入过量食盐时,如果充分地供给饮水,食盐的排出速度加快,不易引起中毒。反之如果饮水不足,则可引起中毒。食盐中毒还受其他因素的影响。当机体缺钙和维生素E或缺乏含硫氨基酸时,可增加动物机体对食盐的敏感性。

羊的中毒量为需求量的10～20倍,致死量为需求量的25～50倍,即为125～250克/只。

羊食入高浓度的食盐可直接刺激胃肠道黏膜,引起胃肠道炎症,导致腹泻,胃肠道内渗透压显著增高,使大量的体液向胃肠内渗透,导致机体脱水。

羊的食盐中毒症状分为重度、中度和轻度三种。

(1)重度中毒 病羊表现为肌肉震颤,兴奋奔跑,接着出现昏迷,心力衰竭,很快就死亡。

(2)中度中毒 羊食盐过多,一般在几小时到数天后发病。症状表现为食欲增加,便秘少尿。对身边周围的环境反应冷淡,无目的地来回走动或转圈,呼吸加速,口吐白沫,有间歇性痉挛,卧姿呈犬坐状或者呈侧卧姿势。如发现痉挛发作频繁,通常预后不良。

(3)轻度中毒 轻度中毒的羊表现为食欲不振,躯体僵硬,并渐进性消瘦，流鼻血。这类病羊的治愈率较高。

治疗山羊食盐中毒可采取多次少量饮用清水的方法，但切忌大量饮水或自由饮水；或静脉注射10％葡萄糖酸钙50～100毫升、25％山梨醇50毫升；也可内服食醋50～100毫升，即用水稀释成0.5％～1.0％的溶液。

36. 羊群为什么会发生萱草根中毒？怎样防治？

萱草又有黄花菜、金针菜、忘忧草、宜男草等名，是一种优良蔬菜。山地、丘陵、草原都有生长，有的地方大批人工种植。萱草根含有秋水仙碱、天门冬素、萱草根素等有毒物质。在西北地区的冬末春初枯草季节，牧草缺乏，羊会采食萱草根而中毒。

(1) 症状 萱草根中毒症状因食入多少而异。慢性（轻度）中毒的病羊：食入萱草根数量较少，一般在2～4天后，表现为精神沉郁，食欲减少，反应迟钝，离群呆立，继之瞳孔散大，双目失明。失明初期表现不安，盲目行走，易惊恐，或行走谨慎，四肢高举，做转圈运动。失明一般不能恢复。急性（重度）中毒的病羊：由于食入萱草根数量较多，发病十分迅速，表现为低头呆立，或头抵墙壁。胃肠蠕动加强，粪便变软，排尿频数，不断呻吟，空口咀嚼，眼球水平颤动，瞳孔散大，双目失明。全身轻度震颤，行走四肢无力，继之四肢麻痹卧地不起，有的四肢不断划动。哀叫，最后昏迷而死亡。眼底检查可见视网膜静脉充血，视乳头和静脉血管周围水肿、出血、严重者血管破裂，眼底出现鲜红色斑块。如能耐过急性期，除失明外，羊只在人工喂养下仍可肥育和繁殖。

根据在短时间内大群发病，症状相似，有采食黄花菜根的病史，体格健壮、食欲好的羊发病重，食欲差的羊发病轻等特点，可以确诊。

(2) 预防 禁止羊群采食萱草根，尤其是枯草季节，严禁将羊群赶到生长萱草的田埂、地头或草地放牧。

(3) 治疗 本病目前尚无特效疗法,可采取解毒、镇静、增强抵抗力等对症治疗的措施:①0.2%高锰酸钾溶液适量灌服或洗胃,可破坏有毒物质,降低其毒性。②25%安钠咖注射液4毫升,肌内注射,强心、增强抗病力。③20%磺胺嘧啶钠注射液10毫升,静脉注射,控制大脑病变。

37. 羊发生有机磷农药中毒怎么办?怎样防治?

农业生产中常用的有机磷农药有:甲拌磷(3911)、对硫磷(1605)、内吸磷(1059)、敌敌畏、甲基内吸磷、乐果、敌百虫、马拉硫磷等。有机磷农药的毒性都很大,不论是皮肤接触还是经呼吸道吸入;不论是采食了被有机磷农药污染的饲料还是误食了被有机磷农药喷洒或拌过的农作物、种子、菜叶等,都可引起中毒。

(1) 症状 羊发生有机磷农药中毒后,很快表现兴奋不安,对周围事物敏感,流涎,全身出汗,瞳孔缩小,磨牙,口吐白沫,肠音亢进,腹痛,腹泻,肌纤维震颤等症状。严重病例还出现全身战栗,狂躁不安,向前冲撞,无目的奔跑,呼吸困难。瞳孔缩小,视力模糊。抽搐痉挛,粪尿失禁,常因肺水肿和心脏麻痹而死亡。

(2) 预防 禁止羊到刚喷洒过农药(7天之内)的地区放牧,也不能用刚喷洒过农药的作物作饲料。用农药驱除羊体内、外寄生虫时,要严格掌握用药浓度和剂量。

(3) 治疗

①可选用下列特效解毒药 1)皮下或静脉超剂量注射乙酰胆碱对抗剂——硫酸阿托品,每千克体重0.5~1毫克/次,使病羊机体达到阿托品化。严重中毒时,可按其1/3量混于5%葡萄糖生理盐水缓慢静脉注射,另外2/3作皮下或肌内注射,经1~2小时后症状不减轻时,可减量重复注射。直至出现阿托品化状态:口腔干燥、出汗停止、瞳孔散大不再缩小。以后按一般剂量,每隔3~4小时皮下注射1次,以巩固疗效。2)静脉注射胆碱酯酶复活

剂——解磷定或氯磷定,每千克体重15～30毫克/次,用生理盐水稀释成10%溶液,缓慢静脉注射,每2～3小时1次,直到症状缓解后,酌情减量或停药。3)肌内注射双解磷或双复磷。首次剂量为0.4～0.8克,以后每2小时注射1次,剂量减半。轻度中毒时,可静脉滴注阿托品或解磷定。中度和重度中毒时,则以两者联合或交替应用为宜,可以互补不足,增强疗效。4)在应用特效解毒剂的同时,可采取相应措施除去未吸收的毒物。经皮肤中毒的,用5%石灰水或4%碳酸氢钠溶液或肥皂液洗刷皮肤;经消化道中毒的,用2%～3%碳酸氢钠或食盐水,反复洗胃并灌服活性炭。

②安全用药应注意事项 1)敌百虫、硫特普、八甲磷、二嗪农等中毒,不能用碱性溶液洗胃和皮肤。2)解磷定在碱性溶液中不稳定,易水解为剧毒的氰化物,故忌与碱性药物配伍。3)氯磷定不能通过血脑屏障,对敌百虫、敌敌畏的解毒效果较差。

38. 怎样防治羊腐蹄病?

腐蹄病也称羊坏死杆菌病,是由坏死杆菌引起的一种畜禽共患慢性传染病。多发生于低洼潮湿地区和多雨季节,呈散发性或地方性流行。绵羊比山羊易感。

坏死杆菌广泛存在于动物的饲养场、被污染的土壤、沼泽地、池塘等处,还存在于健康动物的口腔、肠道和外生殖器等处。病原菌主要通过羊损伤的皮肤和黏膜感染。圈舍及放牧地面潮湿是本病的主要诱因。

(1) 症状 患羊病初出现跛行,蹄高抬不敢着地,蹄冠与趾间发生肿胀、热痛,而后溃烂,挤压肿烂部有发臭的脓液流出,随病变发展,可波及到肌腱、韧带和关节,有时蹄壳脱落。在蹄底可发现小孔或大洞。病羊放牧采食受到影响,身体逐渐消瘦。

(2) 预防 尽量避免蹄部外伤,经常清除运动场上的污泥、石块及其他异物。保持圈舍卫生、干燥,忌长期在低洼潮湿的地方放牧或卧息。

(3) **治疗** 病初,可用10%硫酸铜溶液浸泡,每次10～30分钟,每天早晚各1次。蹄化脓时,先用尖刀挖除坏死部分,再用1%高锰酸钾溶液或3%来苏儿溶液或食醋冲洗创面,也可用6%福尔马林溶液或5%～10%硫酸钠溶液浸泡蹄部,最后涂以消炎粉、松节油或抗生素软膏,并用绷带包扎患部。

39. 羊误食塑料薄膜怎么办?

(1) **排除瘤胃内容物** 植物油250～300毫升或液状石蜡500～1000毫升,1次灌服;也可用硫酸钠或硫酸镁150～200克溶于1000毫升温水中1次灌服。

(2) **促进瘤胃蠕动** 可用番木鳖酊5～10毫升、龙胆酊10～15毫升、95%酒精20毫升加水500～800毫升1次灌服;也可用3%毛果芸香碱24毫升或0.05%新斯的明5～10毫升1次皮下注射,待4小时后重复注射1次,以便尽快排出异物。

(3) **制止胃肠内容物异常腐败** 可用鱼石脂10克,溶于100～150毫升20%酒精中,加适量水1次灌服。

(4) **改善消化功能** 可用碳酸氢钠10～15克、酵母粉20～25克,加适量水1次灌服。

40. 羊被毒蛇咬伤怎么办?

毒蛇咬伤羊的事件多发生在蛇类刚出洞和将要进入冬眠时。羊被毒蛇咬伤的部位多在跗关节或球节附近,有时咬伤头部。咬伤部位越接近中枢神经及血管丰富的部位,其症状越严重。

(1) **症状**

①头部咬伤 症状较轻时,口唇、鼻端、颊部及颌下腺极度肿胀,疼痛不安,呼吸稍困难,结膜潮红。针刺肿胀部时,有淡红色或黄色液体流出。严重时上下唇不能闭合。鼻黏膜肿胀,鼻道狭窄,

呼吸非常困难。结膜肿胀,呈红黄色。有的患羊垂头,站立不动或卧地不起。全身发汗,肌内震颤,体温稍升高。心悸亢进,有时心跳间歇。

②四肢咬伤　表现为被咬部位肿胀、热痛,甚至肿胀可上达腕关节。患羊跛行,患肢不能负重,站立时以蹄尖着地。严重时,肿胀可达臂部,跛行明显,有时卧地不起。食欲不振,精神沉郁。体温39℃～40℃。心悸亢进。结膜黄红色。如果咬伤四肢的大静脉,可以迅速引起死亡。

③全身症状　因毒素不同而异。神经毒的全身症状,首先是四肢麻痹,由于呼吸中枢和血管运动中枢麻痹,导致呼吸困难,血压下降,休克以至昏迷,常死于呼吸麻痹和循环衰竭。

(2) 预防

①给领头羊带铃铛　羊在行进过程中有铃声陪伴,毒蛇会闻声而逃,这是预防毒蛇咬伤的最简单、最有效的方法。

②打草惊蛇　在毒蛇容易出没的地方,牧工走在羊群前面,先打几鞭赶走毒蛇,再让羊群采食。

(3) 治疗　对毒蛇咬伤中毒的羊,原则上应尽快采取排毒和解毒措施,防止蛇毒扩散,然后对症治疗。

①结扎伤口上方　用绳子或布带在伤口上方2～10厘米处(近心端)结扎。结扎松紧度以能阻断淋巴及静脉回流为宜,但不能妨碍动脉血液的供应。结扎后每隔1～2小时放松1次,以免造成组织坏死。经排毒和服用解毒药3～4小时后,才可解除结扎。

②冲洗伤口　结扎后,可选用清水、冷开水、肥皂水、3%过氧化氢溶液、0.2%高锰酸钾溶液、2%氢氧化钠溶液冲洗伤口,清除残留的蛇毒及污物,也可用纱布浸湿后敷伤口,以防伤口闭合。

③扩创排毒　冲洗处理后,可用消毒小刀或三棱针划破毒牙痕间皮肤,并压迫周围组织迫使毒液外流。但被蝮蛇咬伤的羊不宜作扩创排毒处理,以防出血不止。

④局部注射　在扩创的同时,向创腔内或周围局部分点注射1%高锰酸钾、胃蛋白酶或可的松类药物,可破坏蛇毒。也可用0.5%普鲁卡因100～200毫升加青霉素进行深部环状封闭,以抑制蛇毒扩散、减轻疼痛、预防感染。

⑤解毒　季德胜蛇药、上海蛇药、南通蛇药、广州蛇伤解毒片等内服和外用效果都很好。外敷时,用水将蛇药调成糊状,涂于伤口周围,但不能涂在伤口内。对全身症状严重者,应及时输液、强心,防止休克。

41. 羊发生胃肠炎怎么办?

在饲养管理不当、饲料质量不良(如腐败变质、拌有化学药品等)、饮用不清洁或冰冻水等情况下,强烈的刺激作用可导致羊胃肠炎。长途运输及不适当地使用广谱抗生素,造成胃肠道菌群失调,也易引起胃肠炎。某些传染病、寄生虫病或内科病,可引起继发性胃肠炎。

(1) 症状　病羊不愿行走,常躺卧,眼半闭,将头弯向一侧,对周围事物无反应或反应迟钝。食欲消失,反刍停止;口腔黏膜发红、干燥,眼球下陷;鼻梁、耳根、角根、四肢末端变冷;有时表现腹痛不安。腹泻是胃肠炎的主要特征症状,常为持续性,有恶腥臭味,粪中有黏液、脓液和血液,但粪量不多,有先急后重现象,如不及时救治,病羊3～5天后往往发生严重脱水和中毒,以至昏迷死亡。

(2) 预防　禁止饲喂不良品质的饲料和饮用不清洁或冰冻水,合理利用抗生素类药物。

(3) 治疗　对严重腹泻病羊,可用抗生素及磺胺类药物,另外配合收敛剂,如鞣酸蛋白或次硝酸铋,每只2～5克,内服。为防止胃肠内容物腐败,可内服0.1%高锰酸钾250～500毫升,每天1～2次;或灌服淀粉浆,内加碘胺脒和碳酸钠各2～3克。为吸附肠内有毒物质,可内服活性炭 20～40 克。严重脱水时,可静脉注射葡萄糖盐水或复方氯化钠溶液 500～1000 毫升,或 25％葡萄糖溶液 250～300 毫升;也可用苦参 150 克,研末、加水灌服,每天 1 剂,2～3 剂即可。

42. 怎样治疗羊便秘?

(1)取硫酸镁(钠)80～100 克、鱼石脂 5 克、酒精 20 毫升,用温水 200 毫升溶解后内服。

(2)取液状石蜡 150 毫升、姜酊 20 毫升,内服。

(3)便秘严重用泻药不见效时,可用 3％毛果芸香碱 0.5 毫升,皮下注射。

(4)用温皂水灌肠。

(5)取陈皮酊 20 毫升、鱼石脂 5 克,加温水 500～1000 毫升灌服,对体弱、病程长及妊娠母羊均有较好效果。

(6)取大黄末 10～12 克,果导 4～8 片,加水灌服。

(7)取麻仁 12 克,滑石、大黄、元明粉各 15 克,枳实 9 克,煎水候温灌服。

(8)取硫酸钠 25～80 克,加温水 1000 毫升灌服,对病初健壮羊有效。

43. 羊的一、二类传染病和寄生虫病有哪些?

中华人民共和国 1992 年 6 月 8 日发布的进境动物一、二类传染病和寄生虫病名录表明:对羊有威胁的一类传染病和寄生虫病是:口蹄疫、小反刍兽疫、蓝舌病和痒病;二类传染病和寄生虫病分为共患病和绵、山羊病,共患病有:炭疽、伪狂犬病、心水病、狂犬病、裂谷热、副结核病、巴氏杆菌病和布氏杆菌病;绵、山羊病有:绵羊痘、山羊痘、衣原体病、梅迪—维斯纳病、边界病、绵羊肺腺瘤病和山羊关节炎或脑炎。

44. 怎样防治羊传染性脓疱病？

羊传染性脓疱病俗称"羊口疮"，是由羊口疮病毒引起的一种人兽共患性传染病。主要危害羊，尤其是 3～6 月龄羔羊，未接触过本病的成年羊也发病，常呈群发性流行，猫和人较少见。该病毒抵抗力较强，可连续危害羊群多年，但大多数痊愈后的羊可获得终生免疫。病羊为主要传染源，主要通过皮肤、黏膜感染。

(1) 症状 本病潜伏期 4～8 天。临床上分为唇型、蹄型、外阴型及混合型，以唇型较为常见。

①唇型 病羊先在口角、上唇或鼻镜上出现散在的小红斑，逐渐变为丘疹和小结节，继而发展成为水疱、脓疱。破溃后，结成黄色或棕色的疣状硬痂。若为良性经过，则经 1～2 周，痂皮干燥、脱落而康复。严重病例，患部继发丘疹、水疱、脓疱、痂垢，并互相融合，波及整个口唇周围及眼睑和耳郭等部位，形成大面积痂垢；痂垢不断增厚，基部伴有肉芽组织增生，整个嘴唇肿大外翻呈桑椹状隆起，以至病羊常因采食困难，日趋衰弱而死亡。个别病例常伴有继发感染，如引起深部组织化脓、坏死，口腔黏膜发生水疱、脓疱和糜烂，甚至继发肺炎等。

②蹄型 于蹄叉、蹄冠或系部皮肤上形成水疱、脓疱，破裂后形成溃疡。病羊跛行或长期卧地，如果得不到良好的照料，会因饥饿而死亡。

③外阴型 母羊阴道出现黏性和脓性分泌物，在肿胀的阴唇及附近皮肤上发生溃疡，乳房、乳头皮肤上发生脓疱、烂斑和痂垢。公羊表现为阴鞘肿胀，出现脓疱和溃疡。

(2) 该病与其他羊病的区别

①与羊痘的区别 羊痘的痘疹多为全身性的，且体温升高，结节呈圆形突出于皮肤表面，界限明显，痘呈脐状。

②与坏死杆菌病的区别 坏死杆菌病主要表现为组织坏死，

无水疱、脓疱的病变,也无疣状增生物。必要时应做细菌学检查加以区别。

③与口蹄疫的区别　口蹄疫以口腔黏膜和蹄部皮肤发生水疱和溃烂为特征,口腔损害常在唇内面,齿龈、舌面及颊部黏膜发生水疱,糜烂,疼痛。表现为恶性口蹄疫的幼畜出现胃肠炎和心肌炎。

(3)预防　本病已在全国各地广泛流行,因此,一般的预防措施已无济于事。可注射羊传染性脓疱病苗予以预防。也有报道说,注射羊痘疫苗可减轻该病的症状。

(4)治疗　先用水杨酸软膏软化垢痂,除去垢痂后用0.1%~0.2%高锰酸钾溶液冲洗创面,再涂以2%龙胆紫、碘甘油或土霉素软膏,每天1~2次。蹄型脓疱病则将蹄部置于5%~10%福尔马林溶液中浸泡1分钟,连泡3次;或隔日用3%龙胆紫溶液、1%苦味酸溶液或土霉素软膏涂拭患部。

促进该病痊愈的主要措施是加强饲养管理,保证羊每天不受饥饿。对吮乳困难的羔羊,可将母乳挤入干净的盐水瓶,插上吊针管,将吊针管另一端(去掉细段)放入羔羊口中,使羔羊可避免因吮乳困难造成疼痛和饥饿。获得足够营养的羔羊再经过精心治疗,一般不会死亡。对患病的青年羊和成年羊,应供给营养价值高、适口性好、不伤及口腔黏膜的青绿饲料和配合饲料,诱导羊只摄取足够的营养。

45. 怎样防治绵羊痘?

绵羊痘是由绵羊痘病毒引起的一种急性热性接触性传染病。主要通过呼吸道感染,也可经损伤的皮肤和黏液侵入羊体。由于病羊皮肤和黏膜的丘疹、脓疱及痂皮内存在着大量绵羊痘病毒,鼻黏膜分泌物内也含有病毒。在发病初期及体温上升时,血液中有时也有病毒存在。病羊及其所接触过的饲料和器具、注射过的针头都可能是本病的传染源。营养不良、管理不善、气候严酷(如寒冷、雨雪、霜冻)等因素都可诱发本病或加重病情。

(1)症状 羊发病初期,体温高达40℃～41℃,精神不振,食欲减退,呼吸、脉搏次数增加,结膜潮红,鼻孔流出浆液或脓性分泌物。经1～4天后,在全身皮肤的无毛或少毛部位相继出现红疹、丘疹(结节呈白色、淡红色)、水疱(中央凹陷呈脐状)、脓疱。结痂脱落后,留下红色或白色瘢痕。有的病例出现继发感染,痘疱化脓,出现坏疽、恶臭,形成较深的溃疡,常为恶性经过,羔羊死亡率可高达20%～50%。非典型病例则只发展到丘疹期就结束,呈良性经过。

剖检后,可见前胃和第四胃的黏膜有大小不等的圆形或半球形坚实结节,有的融合在一起,形成糜烂或溃疡。咽部和支气管黏膜也常出现痘疹,肺部有干酪样结节和卡他性炎症变化。

(2)预防 ①加强羊的饲养管理,抓好秋膘,保持圈舍清洁、干燥、防寒保温。②定期注射疫苗。③不从疫病区引进羊,发生疫情时及时封锁,隔离消毒。

(3)治疗 ①皮下注射绵羊免疫血清。大羊每只10～20毫升,小羊5～10毫升,必要时,再重复注射1次。②局部治疗措施。皮肤上的痘疹可用2%来苏儿溶液或1%醋酸溶液洗涤;有溃疡时,可用1%硫酸铜溶液、1%明矾溶液或0.1%高锰酸钾溶液冲洗后,涂以碘酊或龙胆紫药水。黏膜上的痘疹可用0.1%高锰酸钾溶液、2%龙胆紫药水或碘甘油或抗生素软膏处理。③为了防止并发症,可肌内注射青霉素、链霉素各80万～160万单位,每日2次。

46. 怎样防治山羊痘?

山羊痘是由山羊痘病毒引起的一种急性热性接触性传染病。不感染绵羊。其临床症状、剖检病变以及预防、治疗方法与绵羊痘相似。主要区别是山羊痘必须用山羊痘苗预防。

47. 怎样防治羊口蹄疫？

口蹄疫又称"口疮"、"蹄癀"，是一种人和偶蹄动物共患的急性、发热性、高度接触性传染病。牛最易感染，绵、山羊次之，各种偶蹄兽及人也可感染。本病传染性很强，通常呈流行性。其发生和流行有明显的季节性，多为秋末开始，冬季加剧，春季减轻，夏季平息。

本病的病原体为口蹄疫病毒，该病毒分 A、O、C 等七个主型，各型之间不能交叉免疫，病毒的毒力强，对外界的抵抗力大，在羊毛、饲料和粪便中能存活很长时间。病畜和带毒动物为传染源，主要通过消化道、呼吸道、黏膜和皮肤感染。

(1) 症状 病羊口腔黏膜和蹄部的皮肤出现水疱、溃疡和糜烂，有时也见于乳房。在水疱期，病羊体温可升高至 40℃～41℃，精神沉郁，食欲下降，继而在口腔黏膜（唇内侧、齿龈、舌面及颊部）及趾间、乳头的皮肤上出现豌豆大甚至蚕豆大水疱，以后水疱互相汇合，形成大水疱或连成一片，并很快破溃。病羊流出大量带泡沫的口涎。如果仅是口腔发病，经 1～2 周即可痊愈。蹄部发病羊则跛行明显，若破溃后被细菌污染，跛行严重。哺乳羔羊对口蹄疫特别敏感，常呈现出血性胃肠炎和心肌炎症状，而不出现水疱。发病急，死亡快。

山羊患病时，通常口腔及蹄部都有水疱和溃烂，病情较绵羊重，死亡率也高。绵羊患病时，主要在蹄冠和趾间发生水疱和溃烂，口腔一般没有病变。

(2) 预防 ①病羊疑似口蹄疫时，应立即报告兽医防疫部门，病羊就地封锁，所有器具及污染地面用 2% 氢氧化钠消毒。疫病确认后，立即进行严格封锁、隔离、消毒及防治等一系列工作。发病羊群扑杀后要予以无害化处理，工作人员外出要全面消毒，病羊吃剩下的饲料或饮水要烧毁或深埋。②对疫区周围的羊群选用与当地流行的口蹄疫毒型相同的疫苗,进行紧急接种。

(3)治疗 本病一般不允许治疗,应就地扑杀,进行无害化处理。大多数被感染羊约在2周后自愈,必要时可在严格隔离下,做如下对症治疗:

①口腔治疗 用0.1%高锰酸钾溶液洗涤口腔,给溃疡面涂以1%~2%明矾或碘甘油合剂,每天涂擦3~4次,也可使用冰硼散(冰片15克、硼砂150克、芒硝18克研磨)涂擦。

②蹄部治疗 用3%可辽林或来苏儿溶液洗涤,然后涂以碘甘油或四环素软膏,用绷带包裹,不可接触湿地。

③乳房治疗 先用肥皂水或2%~3%硼酸水清洗,然后涂以2%龙胆紫溶液或抗菌消炎软膏。

48. 怎样防治羔羊痢疾?

羔羊痢疾是初生羔羊的一种以剧烈腹泻和小肠溃疡为主要特征的急性传染性毒血症,可造成羔羊大批死亡。其病原菌主要为B型魏氏梭菌,其次是D型魏氏梭菌。大肠杆菌、沙门氏菌等也可能起着一定致病作用。传染途径主要是消化道,也可通过脐带或伤口感染。

母羊妊娠期营养不良、羔羊饥饿或体质瘦弱、人工哺乳不定时定量、圈舍潮湿、气候寒冷等都是本病的诱因。初生羔羊可通过吮乳、饲养员的手和饲养用具、粪便等感染魏氏梭菌。气候寒冷、圈舍潮湿等因素使羔羊抵抗力降低。细菌在小肠,特别是在回肠大量繁殖,产生毒素(主要是β毒素),引起发病。

(1)症状 本病多发生于7月龄内羔羊,又以2~5日龄最多。纯种羊和杂交羊较地方品种更易患病。潜伏期1~2天。病羔精神不振,孤独呆立,卧地不起。有时先表现腹痛,继而发生腹泻,粪便呈绿色、黄绿色或灰白色,恶臭;后期排出带有泡沫的血便,高度衰竭,迅速死亡。有时病羔腹胀而不下痢或只排少量稀粪,但表现出神经症状,四肢瘫软,卧地不起,呼吸急促,口吐白沫,最后昏迷。头向后仰,体温降至常温以下,若不紧急救治,常在10小时左右死亡。

(2)预防 ①加强饲养管理。做好母羊秋季抓膘和冬、春保膘工作,保证新生羔羊健壮、母羊乳汁充足,增强羔羊抗病力。做好计划配种工作,避免在寒冷季节产羔,注意羔羊保暖。产羔前,对羊舍和用具进行彻底消毒;产羔后,用碘酊消毒脐带。②做好预防接种。通常在每年秋季给母羊注射三联苗或梭菌苗,产前2~3周再接种1次。③做好药物预防。可在羔羊生后12小时内,口服土霉素0.15~0.20克,每天1次,连服3天。④肌内注射抗羔羊痢疾高免血清0.5~1毫升,对初生羔羊能起到保护作用。

(3)治疗 ①对病初羔羊,可用土霉素0.2~0.3克,加等量胃蛋白酶,水调灌服,每天2次;或用青霉素、链霉素各20万单位肌内注射。②对发病较慢、排稀便的病羔,可灌服6%硫酸镁(内含0.5%福尔马林)30~60毫升,6~8小时后再灌服1%高锰酸钾溶液10~20毫升;也可取磺胺脒0.5克、鞣酸蛋白0.2克、次硝酸铋0.2克、碳酸氢钠0.2克,研磨、混合后,水调灌服,每天3次。③对已腹泻1~2天以上的病羔,可灌服乌梅汤,每次30毫升,每天1~2次。④肌内注射抗羔羊痢疾高免血清3~10毫升,能治疗有明显症状的病羊,治愈率可达90%以上。

49. 怎样防治羔羊大肠杆菌病?

羔羊大肠杆菌病又称"羔羊白痢",是由致病性大肠杆菌所引起的一种以剧烈腹泻和全身败血症为特征的羔羊急性、致死性传染病。主要呈地方性流行或散发。

本病经消化道感染。主要发生在冬、春饲期间,放牧季节很少发生。诱发因素有气候突变、圈舍通气不良、营养不足、场地潮湿或污秽等。

(1) 症状 多发生于数日龄至 6 月龄羔羊,有些地方 3～8 月龄羔羊也有发生,潜伏期 1～2 天。表现为败血型和腹泻型两种。

① 败血型 多发生于 2～6 周龄的羔羊。病羊体温高达 41℃～42℃,精神沉郁,迅速虚脱,有轻微腹泻或不腹泻,有的带有神经症状,运动失调、磨牙、视力障碍;个别出现关节炎,多数于病后 4～12 小时死亡。

② 腹泻型(肠型,肠炎型) 多发生于 2～8 月龄的新羔羊。病羊初始体温略高,出现腹泻后体温下降。粪便呈半液体状,带气泡,有时混有血液。羔羊表现腹痛,虚弱,严重脱水,不能起立。如不及时治疗,可于 24～36 小时内死亡。

由于该病的临床症状与羔羊痢疾极为相似,故应从临死或刚死亡羔羊的内脏和肠内容物中采取病料,经细菌分离培养出纯致病菌时,方可确诊。

(2) 预防 参考羔羊痢疾预防措施。

(3) 治疗 大肠杆菌对于土霉素和磺胺类药物都具有敏感性,但必须配合护理和其他对症疗法。可选用土霉素,按每天每千克体重 20～50 毫克,分 2～3 次口服,或按每天每千克体重 10～20 毫克,分 2 次肌内注射;对心脏较弱的羔羊,皮下注射 25% 安钠咖 0.5～1 毫升;对脱水严重者,静脉注射 5% 葡萄糖盐水 20～100 毫升;对有兴奋症状的病羔,用水合氯醛 0.1～0.2 克加水灌服。

50. 怎样防治羊巴氏杆菌病?

羊巴氏杆菌病又称羊出血性败血症、卡他热、羊鼻疽,是由多杀性巴氏杆菌引起的急性、全身性传染病。巴氏杆菌病主要感染绵羊,其中羔羊及幼羊发病较急,成年羊多呈慢性经过。山羊不易感染。本病在春、秋两季易发,一般为散发性,也可表现为地方性流行。

病羊和带菌羊是本病的传染源。病原菌随病羊和带菌羊的分泌物和排泄物排出而污染环境。在自然条件下,主要通过污染的饲料和饮水等,经消化道、呼吸道及损伤的皮肤或吸血昆虫叮咬而感染其他羊。带菌羊因饲养管理不当、营养不良、气候寒冷或炎热、长途运输等抵抗力下降时,均可诱发本病。

(1) 症状 根据临床表现可分三种类型。

①最急性型 发病突然,多见于哺乳羔羊,病羔仅表现寒颤、虚弱、呼吸困难等症状,可在几分钟至数小时内死亡。

②急性型 病羊表现精神沉郁,食欲废绝,体温升高至41℃~42℃,咳嗽,眼、鼻流出黏液,鼻孔常有出血。病羊初期便秘、后期腹泻,有时粪便全部为血水,消瘦虚脱而死,病程2~5天。

③慢性型 主要见于成年羊。病羊主要表现为咳嗽、气喘,呼吸困难,流出黏脓性鼻液,有时颈部和胸前出现水肿。角膜发炎,出现腹泻、消瘦,甚至死亡。

(2) 预防 ①对圈舍和饲养用具等定期进行消毒。②羊群避免拥挤、受寒,长途运输时,防止过度疲劳。③对常发病地区的羊群定期注射出血性败血病菌苗。④对发病羊群用高免血清或出血性败血病菌苗进行紧急免疫接种。⑤及时隔离病羊,并对其粪便和各种污物采用泥封发酵处理。

(3) 治疗 ①立即隔离发病初期的病羊和可疑羊,皮下注射抗出血性败血病多价血清。②肌内注射土霉素,按每千克体重20毫克计,每日2次。③肌内注射庆大霉素,按每千克体重1000~1500单位计,每日2次。④肌内注射20%磺胺嘧啶钠注射液5~10毫升,每日2次。⑤肌内注射青霉素、链霉素,分别按80万~160万单位计,每日2次。⑥灌服复方新诺明片,按每千克体重10毫克计,每日2次。

51. 怎样防治羊炭疽病?

炭疽病是由炭疽杆菌引起的一种人兽共患的急性、热性、败血性传染病。绵、山羊多为急性经过。各种家畜及人对该病都有感受性,羊的易感性高。多发病于夏季,呈散发性或地方性流行。病羊是该病的主要传染源,濒死羊体内及其排泄物中常有大量菌体;当尸体处理不当时,炭疽杆菌形成芽孢而污染土壤、水源、牧地等,可成为长久的疫源地。羊吃了污染的饲料和饮水,或吸入带有芽孢的灰尘,或受吸血昆虫叮咬,均可导致发病。

(1) 症状 发病羊多为最急性或急性经过,表现为突然倒地,全身抽搐、颤抖,磨牙,呼吸困难,体温升高至 40℃～42℃,结膜发绀;眼、鼻、口腔、肛门等天然孔流出带气泡的暗红色或黑色血液,且不易凝固,数分钟即可死亡。羊病情缓和时,表现为兴奋不安,行走摇摆,呼吸加快,心跳加速,黏膜发绀,后期全身痉挛,天然孔出血,数小时内即可死亡。

(2) 预防 在高发病区,每年应坚持给肉羊注射Ⅱ号炭疽芽孢苗。对疑似炭疽病的羊,要严禁剖检、剥皮和食用;病羊尸体应深埋;病羊离群后,全群用抗菌药 3 天,可起到一定的预防作用。对污染垫草、粪便等要烧毁;对污染的羊舍、用具及地面要彻底消毒,可用 10% 热碱水溶液或 20%～30% 漂白粉等连续消毒 3 次,每次间隔 1 小时。

(3) 治疗 应在严格隔离条件下进行治疗。病初,可皮下或静脉注射抗炭疽血清 50 毫升,4 小时后若体温不退,可再注射 30 毫升。对亚急性病羊,可用青霉素治疗,按每千克体重 1.5 万单位肌内注射,每 8 小时 1 次,连用 3 天。

52. 怎样防治羊布氏杆菌病?

布氏杆菌病是由布氏杆菌引起的人兽共患的慢性传染病。主要侵害羊生殖系统。母羊的易感性高于公羊,性成熟后对本病极为易感。本病常呈地方性常年流行。

患病羊的阴道分泌物、乳汁、流产胎儿、胎衣、羊水以及公羊精液内都含有大量病原体。健康羊采食被布氏杆菌污染的饲料或饮水就会发病。本病也可通过交配、皮肤或黏膜的接触而传染。人与病羊或带菌分泌物、排泄物接触后,如果不严格消毒,也会感染布氏杆菌病。

(1)症状 本病以母羊发生流产和公羊发生睾丸炎为主要特征。感染此病的羊群,初期表现为少数妊娠羊流产,以后逐渐增多,严重时达半数以上,病羊通常流产一次便可获得终生免疫。多数羊为隐性感染。患病羊常在妊娠后3~4个月流产,但也有的羊不发生流产。有时病羊发生关节炎和滑液囊炎而致跛行;公羊发生睾丸炎;少部分羊发生角膜炎和支气管炎。

(2)预防 ①每年定期对羊群进行检疫,及时隔离呈阳性反应的羊,严禁可疑羊与健康羊接触。②对已污染的用具和场所进行彻底消毒。③深埋流产胎儿、胎衣、羊水和产道分泌物等。④定期进行布氏杆菌菌苗预防接种。

(3)治疗 本病治疗无特效药物。对种用价值高的羊,可试用以下方法:取益母草30克,黄芩18克,川芎、当归、熟地、白术、金银花、连翘、白芍各15克,烘干并研成末,开水冲调,候温灌服;当流产后继发子宫内膜炎时,可用2%高锰酸钾溶液冲洗阴道和子宫,每天1~2次,直至无分泌物流出为止,必要时还可用金霉素、土霉素和磺胺类药物治疗。

53. 怎样防治羊链球菌病?

羊链球菌病俗称"嗓喉病",是由链球菌引起的一种急性、热性、败血性传染病,病程多为2~3天,死亡率高达80%。本病主要感染绵羊,山羊次之。在新疫区危害更为严重。

病羊和带菌羊是本病的主要传染源。常以冬、春羊体质下降时发病,严寒和大雪天气可使羊发病率和死亡率明显增加。病菌主要存在于病羊的各个脏器及分泌物、排泄物中,通过呼吸道、皮肤损伤或羊虱蝇叮咬等途径感染。

(1)症状 病羊初期体温升高至41℃以上,精神不振,食欲减退或废绝,反刍停止。眼结膜充血,流泪,以至流出脓性分泌物。有时咳嗽,鼻腔流出浆液、铁锈色脓性带血鼻液。口流涎,并混有泡沫。呼吸急促而困难,咽喉部及下颌淋巴结肿大,有时舌也肿大。粪便松软,带有黏液和血液。有的病羊眼睑、唇部、面颊及乳房肿胀。

剖检后,可见败血性病变,尸僵不明显,胸腔积水,各脏器广泛出血,尤其以大网膜、肠系膜等部位明显。肺脏水肿、气肿、出血、肝变。胆囊肿大。急性病例还见肝、肾肿大。各脏器表面常覆有黏稠的纤维样物质。

(2)预防 ①严禁从疫区输入活羊和未经消毒的羊产品。②疫区在每年发病季节到来之前,接种羊链球菌氢氧化铝甲醛苗。③羊群一旦发病,立即隔离病羊,并对场舍、器具予以彻底消毒。

(3)治疗 治疗意义不大。发病初期,可肌内注射青霉素80万~160万单位,每日2次;或者肌内注射20%磺胺嘧啶钠注射液5~10毫升,每日2次;或灌服磺胺嘧啶5~6克,小羊酌减,每日2~3次。

54. 怎样防治羊沙门氏菌病?

沙门氏菌病又称副伤寒,是由鼠伤寒沙门氏菌、都柏林沙门氏菌和羊流产沙门氏菌引起的急性传染病。各种年龄羊均可感染发病,其中以断奶或断奶不久的羔羊最易感。一年四季均可发病,但以冬、春气候寒冷多变时发病最多。舍饲羊易发,常呈散发性,有时呈地方性流行。

病原菌通过羊的粪、尿、乳汁、流产胎儿、胎衣等,污染饲料、饮水、饲槽和周围环境,经消化道感染健康羊,也可通过交配或其他途径传播。各种不良环境均可诱发本病。

(1) 症状 本病以羔羊急性败血症和腹泻、母羊妊娠后期流产为主要特征。根据临床症状可分为两种类型：

①腹泻型 多见于羔羊，病羊表现为精神沉郁，食欲减损，体温高达 40℃～41℃，腹泻，排黏性带血稀粪，有恶臭，低头弓背，继而卧地，1～5 天后死亡。有的羔羊 2 周后恢复。

②流产型 多发生在母羊妊娠的最后 2 个月。病羊表现为精神沉郁，拒食，体温升高，部分病羊有腹泻症状。病羊产出的羔羊极度虚弱，并常有腹泻，1～7 天后死亡。流产母羊也可在流产后死亡。

(2) 预防 参考衣原体病预防措施。

(3) 治疗 ①灌服硫酸新霉素，按每千克体重 5～10 毫克计，每日 2 次。②灌服磺胺甲嘧啶（SM_1）或磺胺二甲嘧啶（SM_2），按每千克体重首次量 0.2 克，维持量 0.1 克服用，每 12 小时服 1 次，同时配合等量的碳酸氢钠（小苏打），连用 3～4 天。③肌内注射 10%磺胺嘧啶纳 10～20 毫升。首次用药加倍，每 12 小时注射 1 次。沙门氏菌易产生抗药性，每次最好选用一种抗菌药物，如无效立即改用其他药物。

55. 怎样防治羊李氏杆菌病？

羊李氏杆菌病又称转圈病，是多种家畜、家禽、啮齿动物和人共患的一种急性传染病。其病原菌是李氏杆菌。潜伏期从数天至 2 个月不等，平均为 3 周。病程一般为 3～7 天，长者为 2～3 周。本病多为散发性，发病率低，但死亡率很高。绵羊较山羊容易发病。患病动物和带菌动物是本病的传染源，其分泌物、排泄物含有大量病菌，这些病菌可能通过消化道、呼吸道、眼结膜或损伤的皮肤感染健康动物。

(1) 症状 病羊初期体温升高至 40℃～41.6℃，不久降至常温。病羊表现精神沉郁，采食量下降或停止。多数病羊表现各种神经症状,如视力减退或消失,头颈偏向一侧;遇到障碍物时,常以头顶着不动,转圈倒地,四肢做游泳样划动,颈部强直,角弓反张;面部神经、咬肌和咽部出现麻痹,最后昏迷等。妊娠羊流产,羔羊呈急性败血症而迅速死亡。

有神经症状的病羊死后剖检,可见脑及脑膜充血、水肿、出血,脑脊髓液增多且稍显浑浊。流产母羊胎盘发炎,子叶水肿,子宫内膜充血、出血和坏死。表现败血症的病羊肝脏有坏死灶。

(2) 预防 目前尚无满意的疫苗予以预防。主要采取严格检疫、病羊隔离、定期驱虫、消灭啮齿动物、满足羊营养供应、环境与器具彻底消毒等措施。

(3) 治疗 早期可将20%磺胺嘧啶钠按每千克体重5～10毫升、庆大霉素按每千克体重1000～1500单位的剂量肌内注射,效果较好。病羊出现神经症状时,可用盐酸氯丙嗪按每千克体重1～3毫克治疗。

56. 怎样防治羊假结核病?

假结核病是由结核棒状杆菌引起的一种慢性传染病。多侵害局部淋巴结,形成脓肿,脓呈干酪样,故又称干酪样淋巴结炎。有时在病羊的肺脏、肝脏、脾脏及子宫等内脏器官上形成大小不等的结节,内包浅黄绿色干酪样物质,从表面上看,与结核病的结节相似,因此被称为假(伪)结核病。本病分布广,发病率高。绵羊、山羊和骆驼均可患病。由于结核棒状杆菌不仅存在于粪便和自然界的土壤中,也存在于动物的肠道、皮肤及被感染器官,特别是化脓的淋巴结中,可随脓汁、粪便等排出而污染羊舍、草料、饮水和饲用器具,使健康羊受到感染。本病主要通过伤口传染,如打号、去角、脐带处理不当、尖锐异物等引起的外伤等均可成为该病原菌侵入羊体的门户,也可通过消化道、呼吸道以及吸血昆虫传染。

(1) 症状 根据病变发生的部位,临床上可分为体表型、内脏型和混合型三种。其中以体表型多见,混合型次之,内脏型较少见。

①体表型 病羊一般无明显的全身症状,病变常局限于体表淋巴结,以腮腺淋巴结肿胀最常见,颈前、肩前淋巴结次之,乳上、股前淋巴结等较少见。肿胀的淋巴结呈圆形或椭圆形,有的大如碗口,形成脓肿,继而破溃,流出淡黄绿色或黄白色浓稠如牙膏样的脓汁,脓汁排出后数日即可结痂痊愈,有时在病原处或邻近淋巴结或周围组织又出现新化脓灶。患畜通常表现为消瘦、生长发育受阻,生产性能下降,但很少死亡。

②内脏型 内脏器官上形成化脓灶和干酪样病灶。病羊出现不同程度的全身症状,食欲下降,精神不振,贫血,消瘦,咳嗽,流鼻液,呼吸次数增加。后期体温升高,经抗生素类药物治疗后降至正常,但停药后又可上升。病程较长,死亡率较高。

③混合型 兼有上述两种症状。

(2)预防 ①定期检查羊,发现体表淋巴结肿大、化脓者,应隔离饲养。②对自然破溃污染的场所应进行彻底消毒。对成熟脓肿切开排脓时,应用器具收集脓汁,妥善处理,防止病菌扩散。③坚持临床检查,及时治疗与淘汰。

(3)治疗 对有全身症状的病羊,可用0.5%黄色素10~15毫升,1次静脉注射,同时肌内注射青霉素160万~320万单位,每日2~3次。局部病变可在脓肿成熟、触之有波动、表面被毛脱落、皮肤发红时,切开排脓,脓腔涂以稀碘酊。

57. 怎样鉴别羊快疫、羊肠毒血症、羊猝狙和羊炭疽?

羊快疫病原体为腐败梭菌,羊猝狙病原体为C型魏氏梭菌,羊肠毒血症病原体为D型魏氏梭菌,羊炭疽病原体为炭疽杆菌。这些传染病山羊易感,对养羊业危害较大,且症状有些相似,其鉴别方法见表9-2。

表 9-2　羊快疫、羊肠毒血症、羊猝狙、羊炭疽的鉴别

鉴别要点	羊快疫	羊肠毒血症	羊猝狙	羊炭疽
发病年龄	6~18个月	2~12个月	1~2岁	成年羊
营养状况	膘情好者多发	膘情好者多发	膘情好者多发	营养不良多发
发病季节	秋季和早春多发	春、夏之交和秋季多发	冬、春多发	夏、秋多发
发病诱因	天气骤变	精饲料等过量食入	多见阴洼、沼泽地区	气温高、雨水多，吸虫、昆虫活跃
高血糖和尿糖	无	有	无	无
胸腺出血	无	有	无	无
真胃出血性炎	很显著、弥漫性、斑块状	无	轻微	较显著，小点状
小肠溃疡性炎	无	无	有	无
骨骼肌气肿出血	无	无	死后8小时出现	无
肾脏软化	少有	死亡时间较久者多见	少有	一般无
急性脾肿	无	无	无	有
抹片检查	肝被膜触片常有无关节长丝状的腐败梭菌	血液和脏器组织一般不见细菌	体腔渗出液和脾脏抹片中可见C型魏氏梭菌	血液和脏器涂片见有荚膜的炭疽杆菌

九、羊病的预防与治疗

58. 怎样防治羊附红细胞体病？

附红细胞体病是由附着于动物红细胞表面或游离于血浆以及骨髓中的附红细胞体所引起的一种人兽共患传染病。以红细胞破坏引起的贫血、黄疸、发热为主要特征。

(1) 症状 病羊体温升至40℃～41.5℃，稽留热。流清鼻液，精神差，食欲下降，呼吸急促。皮肤及可视黏膜苍白，黄疸，个别羊有血尿。四肢无力，步态不稳，喜卧。

(2) 预防 ①加强消毒，灭蚊、蝇、虱、蜱等吸血昆虫，注意注射器械与用具清洁、消毒，以免相互感染。②每年5月份，按预防量注射贝尼尔1次，隔10～15天再注射1次。

(3) 治疗 参考焦虫病治疗。

59. 怎样防治羊群传染性结膜角膜炎？

传染性结膜角膜炎又称"红眼病"，是羊常见的一种急性传染病。以春、秋季节发病较多，但季节性不强。圈舍狭小、羊群密度大、空气污浊是本病的主要诱因。

(1) 症状 病羊最初眼睛怕光、流泪，眼睑半闭，眼内角流出浆液或黏液性分泌物，不久则变成脓性，结膜潮红充血，其后发生角膜炎和角膜溃疡。随着病情的发展，可继发虹膜炎，以后浑浊度增加，呈云翳状。

(2) 防治 预防本病的办法是保持圈舍通风透气，清洁卫生，无明显的氨气味，面积要适中，严禁羊群密度过大。发病后，如果能及时治疗并改变空气污浊的环境条件，一般呈良性经过。病初，可用青霉素粉或辛红液点眼，每天2次，连用2～3天；角膜混浊时，可采用自血疗法。即用2毫升注射用水稀释1支青霉素后采取该病羊全血5～10毫升，混匀后立即分点注射于眼睑皮下或直接注射于眼底，间隔2～3天后，可根据情况再注射1～2次。

60. 怎样防治山羊传染性胸膜肺炎?

山羊传染性胸膜肺炎俗称"烂肺病",是一种山羊特有的高度接触性传染病,以高热咳嗽及胸膜发生浆液性和纤维性炎症为主要特征。一般在新疫区,发病急促,病情重,死亡率高;在老疫区,则病势较缓和,多呈慢性经过。一年四季均可发病,但冬春枯草季节发病率较高。阴雨连绵、潮湿寒冷、营养不良、环境突变等应激因素易诱发本病。

该病病原体为丝状霉形体(支原体)主要存在于病羊的肺组织和胸腔渗出液中。病羊和隐性病羊是主要传染源。病原体通过空气、飞沫经呼吸道传染给健康羊。

(1) 症状 本病的潜伏期为 3~20 天不等,有的更长。病情多呈急性经过。病羊初期体温高达 41℃以上,精神委靡,食欲减退,离群呆立,两眼无光,被毛粗乱,发抖。呼吸加快,咳嗽次数增加,有铁锈色浆性或脓性鼻液流出。叩诊肺部有浊音,实音区按压有疼痛感。病情恶化时,呼吸困难,弓背,有的羊发生腹胀、腹泻。急性病程为 3~5 天,一般病程为 7~15 天。死亡率高达 60% 以上。

剖检后,多见一侧肺发生明显的肝样病变,病肺部呈红灰色,切面呈大理石样,肺小叶间质增宽,界限明显,支气管淋巴结和纵隔淋巴结肿大。胸膜变厚,表面粗糙不平。有的羊病肺与胸壁粘连。有的羊肺膜、胸膜和心包相粘连,胸腔有大量块状脓性物和黄色积水。

(2) 预防 ①新引进的山羊应隔离观察 1 个月,确认无病后方可混群。②在疫病区,每年进行山羊传染性胸膜肺炎氢氧化铝苗预防接种。③对病畜污染的环境、用具进行彻底消毒。

(3) 治疗 一般情况下,给病羊治疗意义不大,应尽量考虑淘汰。一方面由于治疗期较长,医药费开支大;另一方面,治愈羊短期内很难恢复体质,常常不能抵御外界不良环境因素,稍遇风寒,就感冒、咳嗽,特别是适繁母羊,配种受胎率低,流产率和羔羊死亡率高。如果羊价值较大,确需治疗,可采用下列措施:①将新砷矾钠明(914)按5月龄以下羔羊0.1~0.15克、5月龄以上羊0.2~0.25克的剂量,用生理盐水或5%葡萄糖盐水稀释成5%溶液,1次静脉注射。必要时,间隔4~7天后再注射1次。②皮下注射磺胺嘧啶钠注射液,按每千克体重0.15毫升计,每日1次。③肌内注射泰乐菌素,按每千克体重5~10毫克计,每日2次,3~5天为1个疗程。④发病初期,可灌服盐酸土霉素,按每千克体重10~20毫克灌服,每日2次。

61. 怎样防治羊皮肤真菌病?

皮肤真菌病是由多种皮肤真菌引起的人、兽、禽共患性皮肤传染病。危害山羊的多为疣状发癣菌,可引起山羊慢性、局部性、浅表霉菌性皮炎。

可引起本病的真菌在皮肤的角质层和毛囊中生长并形成菌丝,在自然情况下,不侵入深部组织或内脏器官。主要通过病羊、健康羊直接接触传染,饲养员的手和衣服也可携带病原而成为传染的媒介。冬季,在阴暗潮湿、通风不良的羊舍的羊更容易发病。

(1)症状 本病的主要特征是皮肤上出现有界限明显的圆形癣斑,患部皮肤增厚,脱毛,覆以鳞屑或痂皮。有的表现为单纯的圆形脱屑,有时有蔓延到全身的倾向,但并不侵害四肢下端。

(2)预防 ①严格执行羊群定期检疫和圈舍、器具定期消毒制度。②及时隔离病羊并对污染的圈舍和器具进行消毒。

(3)治疗 主要采取局部治疗。用药前,先将病变部残留的被毛、鳞屑以及痂皮清除,然后用温肥皂水将患部彻底清洗干净,待干燥后,可选用达可宁霜、5%碘酊、硫磺制剂(取硫磺30克、凡士林100克,制成软膏)或灰黄霉素软膏,每1~2天涂擦1次,连用

3~4次。

62. 怎样防治球虫病?

球虫病是羊的一种急性接触性原虫病。各品种的绵、山羊对球虫病都有易感性,羔羊极易感染,成年羊一般都是带虫者。流行季节多为春、夏、秋潮湿季节,冬季气温低,不利于球虫卵囊发育,很少感染。

球虫病通常是艾美耳属的几种球虫混合感染,但其中一种可能占优势。球虫的发育史包括外生和内生两个阶段。外生阶段是指球虫卵囊随粪便排泄到外界,在适宜的湿度、温度(20℃~25℃)的环境中,卵囊形成孢子,经过染色体减数分裂,形成4个卵母细胞,卵母细胞成熟后成为卵囊。以后每个孢母细胞又分裂成两个孢子,此时即具有侵袭力,当羊食入被侵袭性卵囊污染的饲料和饮水,就是内生阶段的开始。进入肠道内的卵囊的囊壁被消化液溶解,其中孢子游离出来,钻进肠上皮细胞,发育为裂殖体而大量增殖,破坏了肠黏膜的完整性,引起肠管发炎和上皮细胞的崩裂,使羊的消化功能发生障碍,营养不能吸收,且大量失血。崩裂的上皮细胞产生毒素,引起自体中毒。由于羊的肠黏膜完整性被破坏,细菌易侵入而发生继发感染。

(1) 症状 本病多见于羔羊。病羊最初排出的粪便较软,逐渐变成恶臭的水样稀粪,污染后躯,有些羊粪便带血。病羊努责,有时发生直肠脱出。腹泻数日后,表现食欲不振、脱水、体重下降、卧地不起、衰弱。病初体温升高,但很快降至正常或偏低。多数羊于发病后3~4天内死亡。

(2) 预防 每天清扫羊舍,及时清除粪便和污物,定期对圈舍、饲槽和饮水器及各种用具进行消毒,保持圈内干燥、卫生,并经常能够晒上太阳。粪便等污物应集中进行生物发酵处理,避免羔羊接触带有球虫卵囊的污物。羔羊最好与成年羊分群饲养管理。一且发现病情,要立即隔离治疗。

(3)治疗 ①灌服磺胺甲嘧啶(SM_1)或磺胺二甲嘧啶(SM_2),按每千克体重首次量 0.2 克、维持量 0.1 克服用,每 12 小时服一次,同时配合等量的碳酸氢钠,连用 3~4 天。②灌服氨丙啉。氨丙啉对羔羊艾美耳球虫有良好的防治效果。每日每千克体重用量为 20~25 毫克,连用 5 天。

63. 怎样防治羊焦虫病?

焦虫病是羊患各种寄生虫病中危害较大的一种,该病秋季发病率高,一般情况下,良种羊和外地引入羊比本地羊易感染,老龄羊和幼龄羊比青壮年羊易感染且死亡率高。

(1)症状 病羊表现为精神沉郁,食欲减退或废绝。体温升高至 40℃~42℃,呈稽留热型。呼吸促迫,喜卧地。反刍及胃肠蠕动减弱或停止。初期便秘,后期腹泻,粪便带血丝。羊尿浑浊或尿血。可视黏膜充血,部分有眼眵,继而出现贫血和轻度黄疸,中后期病羊高度贫血,血液稀薄,结膜苍白。肩前淋巴结肿大,有的颈下、胸前、腹下及四肢发生水肿。

(2)预防 ①加强消毒,消灭蚊、蝇、虱、蜱等吸血昆虫。②加强注射器械与用具清洁、消毒,以免相互感染。③加强检疫,不从流行区引进羊,新引进羊要隔离观察,严格把好检疫关。④在流行地区,于发病季节前,每隔 15 天肌内注射 1 次 7%三氮脒溶液,注射剂量为每千克体重 2 毫克。

(3)治疗 ①深部肌内注射 5%~7%贝尼尔溶液,注射剂量为每千克体重按 6 毫克,隔日 1 次,连用 3 次。②静脉注射 0.5%~1%黄色素溶液,注射剂量为每千克体重 3~4 毫克,必要时 2~3 天后重复用药 1 次。③皮下注射 5%硫酸喹啉脲,注射剂量为每千克体重 1 毫克,必要时 24 小时后重复用药 1 次。

另外,可进行必要的对症治疗。高烧病例,可注射解热药物,如安乃近、复方氨基比林及柴胡针剂等;有继发感染的个体,应适当使用抗生素药物,如青霉素、链霉素、林可霉素、诺氟沙星等;心脏衰弱羊只可用安钠咖、樟脑磺酸钠等强心药物,来提高心肌的兴奋性,同时采用能量补充性强心剂,如葡萄糖、右旋糖酐、三磷酸腺苷等;对于食欲减退、反刍减弱的羊只可灌服健胃药,如大蒜酊、稀盐酸、胃蛋白酶、乳酶生等,改善胃肠功能,促进食欲。也可同时用植物神经兴奋药,如毛果芸香碱、新斯的明等;严重贫血个体,可用维生素 B_{12}、维生素 C、维生素 E、生血素等;有出血倾向或伴有胸、腹、下肢水肿时,可用止血敏、维生素 K_3、氯化钙或葡萄糖酸钙注射液等。

64. 怎样防治肝片吸虫病?

肝片吸虫病俗称肝蛭病或柳叶虫病,由肝片吸虫寄生于羊胆管内引起。是一种人兽共患的地方流行病,多发生于潮湿地带。人、畜一旦感染肝片吸虫,成虫在肝脏胆管内产卵,卵随胆汁排入消化道内,随粪便排出体外。卵在水中被孵化出毛蚴,毛蚴钻入螺蛳体内,进入螺蛳的肝脏,发育成为胞蚴、雷蚴和尾蚴。尾蚴钻出螺蛳体外,在水中游动,附在草上形成囊蚴。囊蚴随草和水被羊等反刍动物食入体内。在羊胃肠道内,幼虫进入胆管内寄生并发育为成虫。

(1)症状 患病初期表现为体温升高、食欲减少、腹胀、偶有腹泻、出现贫血,几天内死亡。急性感染可使羊突然倒毙。慢性病症表现为消瘦,黏膜苍白,胸、腹下常常水肿,便秘和腹泻交替发生,如不加以治疗,多半在 1~2 个月后死亡。

(2)防治 由于肝片吸虫多流行于低洼而潮湿的地区,羊吃草时,最容易吞食附有囊蚴的草料,因此应尽可能地选择高燥地带放牧。饮水最好选用井水或流动的河水。在该病流行区每年 3~4 月份和 9~10 月份进行两次驱虫。常用的驱虫方法有:①灌服三氯苯咪唑(肝蛭净),按每千克体重10毫克,1次灌服,对成虫和幼虫均有特效。②注射碘硝腈酚,按每千克体重10～15毫克,1次注射,对成虫有效。③灌服硝氯酚(拜耳9015),按每千克体重3～5毫克,1次灌服,对成虫有效。④灌服溴酚磷(蛭得净),按每千克体重12毫克,1次灌服,对成虫和幼虫均有效。⑤灌服丙硫苯咪唑,按每千克体重10～15毫克,1次灌服,对成虫有效。

65. 怎样防治脑包虫病?

脑包虫病是由狗绦虫的幼虫——多头蚴寄生于羊的脑、脊髓内引起脑炎、脑膜炎及一系列神经症状,甚至死亡的寄生虫病。

(1)症状 由于脑包虫寄生部位的不同而呈现不同症状:在大脑半球有寄生虫的病羊精神委靡,喜卧,向病侧做旋转运动;大脑颞叶有寄生虫的病羊视觉发生障碍,向患侧做强迫运动;大脑额叶有寄生虫的病羊低头前奔,遇到障碍物顶住不动;小脑有寄生虫的病羊共济失调;寄生在其他部位会使病羊发生头常后仰,向后退,痉挛,麻痹等症状。虫体越大,症状越明显。

(2)预防 可通过加强牧羊犬的管理、控制牧羊犬数量、定期给牧羊犬驱虫、深埋或焚烧犬粪便等措施予以预防。

(3)治疗 一般来说,该病的治疗效果都不佳,常用的治疗方法有下列几种:

①针刺包囊 寄生在脑表面的包囊可引起局部颅骨软化,手指按压可感觉到包囊所处的位置。具体操作方法是两手紧抓住羊的两角或双耳,以拇指用力按压在两角基连线两端1/3处,如感觉到骨质有下陷、变软或隆起且有明显的弹性感,即可判定包囊所处的位置。在确定包囊所处的位置之后,进行剪毛消毒,术者以左手手指压住软骨部位,右手持10毫升注射器(装16号针头)刺入颅骨2～3厘米时,直接抽取囊液,当有气泡抽出时用另1个注射器取1～2毫升碘酊,从针孔注入,停几秒钟拔出针头,然后用碘酊棉

球压住针孔,继续保定羊只站立数分钟再放开。慢慢旋转针头及注射器数圈(针头要有一定的摆动幅度),使囊壁缠附于针头上,再慢慢退针,直到将包囊取出为止。针刺包囊法仅限于寄生在脑表面,并引起颅骨软化的病例。

②药物治疗 感染早期治疗可采用吡喹酮增量法。即首次深部肌内注射剂量以不超过每千克体重 10 毫克,间隔 2～3 日第二次用药,药量控制在每千克体重 15～25 毫克;然后再隔 2～3 日,第三次投药按每千克体重 30～40 毫克即可。在用药过程中随时观察羊只表现,如发现羊病情加重应及时采取急救措施。可静脉注射甘露醇以降低脑内压,同时静脉注射 10% 磺胺嘧啶钠注射液,皮下注射维生素 B_1 注射液。

③手术摘除 在颅骨软化区施行手术,先剪毛,用清水洗净,碘酊消毒,持刀在皮肤上做"V"形切口,再将骨质打开一个直径约 1.5 厘米的小洞,用针头轻轻将脑膜划开,一般情况下脑包虫即向外鼓出,即行摘除,最后缝合、消毒、包扎。

66. 怎样防治羊食道口线虫病(结节虫病)?

食道口线虫病是由食道口线虫引起的。由于幼虫阶段引起肠壁上形成黄绿色结节,因而称为结节虫。

结节虫的幼虫感染羊只后,不在肠腔停留,先侵入肠壁内发育生长,经过 5 天左右再回到结肠的肠腔内,发育为成虫。从健羊受到感染之日算起,大约经过 41 天,就可以从粪便中排出虫卵。由于感染结节虫病的羊只肠管不能制作肠衣,因此,经济损失很大。

(1)症状 结节虫病可分为急性和慢性两期。急性期:是由于幼虫钻入肠黏膜所引起的。其特征是顽固性腹泻,粪便呈墨绿色,带有很多黏液,有时带有血液。病羊疝痛,食欲减退,弓背、翘尾、伸展后肢,有痉挛性排尿。按压其腹壁时,有疼痛表现。如不及时治疗,可引起羊只极度消瘦而死亡。解剖后,可见肠黏膜充血、水肿,结肠壁上散在着形状不规则的结节,内含浅绿色脓样物,有时内容物为灰褐色,或者完全钙化而变得很硬,结节内可找到幼虫。

慢性期:是成虫寄生阶段所引起。病羊呈间歇性腹泻,经久时消瘦衰弱,终至虚脱而死。

(2)预防 ①春、秋两季按计划进行驱虫。②对粪便进行生物热杀虫处理。

(3)治疗 ①口服或皮下注射伊维菌素(灭虫丁),剂量为每千克体重 0.2 毫克。②口服丙硫咪唑,剂量为每千克体重 10~15 毫克。③口服甲苯咪唑,剂量为每千克体重 10~15 毫克。④用 1% 福尔马林溶液灌肠,每只羊用量为 1000~1500 毫升,疗效较好。⑤服用枸橼酸哌嗪,用量为每千克体重 0.2~0.4 克,用清水溶解,1~2 天内喝完。

67. 怎样防治羊脑脊髓丝虫病?

羊脑脊髓丝虫病是由指形丝状线虫(指状丝虫)和唇乳突丝状线虫(唇乳突丝虫)的幼虫微丝蚴寄生在羊体内所引起的一种寄生虫病。本病以脑脊髓炎和脑脊髓实质破坏为特征。因病羊走路摇摇摆摆,故又称摆腰病。

指状丝虫和唇乳突丝虫的成虫均呈白色丝状。指状丝虫的雄虫长 28~37 毫米,雌虫长 42~74 毫米;唇乳突丝虫的雄虫长 40~60 毫米,雌虫长 60~95 毫米。两者的幼虫体较小,一般在 1~5 厘米。诊断脑脊髓丝虫病可采病羊血液 1~2 毫升,置于试管中,加蒸馏水 2~4 毫升,摇动,破坏血液中的红细胞后,静置几分钟,可见管底有丝状虫体,即可确诊。

牛为以上两种丝虫的终末宿主,蚊类为它们的中间宿主:成虫寄生于牛的腹腔,产下的微丝蚴随血流到达末梢血管中,当蚊虫叮咬牛只后,微丝蚴即进入蚊体内,经两次蜕化发育为感染期幼虫,再由蚊叮咬羊时传给羊,侵入羊脑脊髓腔内发育,破坏中枢神经组织。本病的发生与蚊虫大量滋生有很大关系,每年7~10月份为多发期,成年羊比幼年羊易发。

(1)症状 该病可分为急性型和慢性型两种。急性型:羊在放牧时突然倒地不起,随后眼球上旋,颈部肌肉强直或痉挛,表现兴奋、空嚼、鸣叫等神经症状。急性抽搐后,将羊扶起,可见羊四肢强直,步态不稳,向颈部歪斜的一侧转圈。慢性型:病初表现为无力、步态蹒跚,体温、脉搏、呼吸均正常,病羊可以继续生活,但走路有歪斜姿势。如果两后肢麻痹,则呈犬坐姿势,不能起立,久卧可能发生褥疮,食欲逐渐下降,最终消瘦,持续20~30天衰弱死亡。

(2)预防 ①搞好环境卫生,大力消灭蚊虫,清除蚊虫滋生地。可用灭蚊药喷洒羊舍。在本病流行季节,每3~4周用海群生(乙胺嗪)对羊群进行1次预防。②牛和羊要分开饲养,并要间隔一定的距离。

(3)治疗 ①内服或注射海群生,剂量为每千克体重20毫克,每日1次,连用6~8天。②静脉注射5%~10%酒石酸锑钾溶液,注射剂量为每千克体重8毫克,隔日1次,共用3~4次,效果良好。在每次用药前最好静脉注射10%葡萄糖500毫升,加入10%维生素C 20毫升、10%康夫5毫升。

68. 怎样防治羊鼻蝇病?

羊鼻蝇病又称羊鼻蝇蛆病或羊鼻蝇幼虫病,是由寄生在羊的鼻腔和鼻窦内的羊狂蝇所引起的一种慢性鼻炎及鼻窦炎。

(1)症状 病羊表现的症状分为两个阶段:第一阶段为成虫侵袭阶段。当羊鼻蝇追逐羊只在鼻孔周围产幼虫时,使羊只扰乱不安。羊只为了避免侵袭,采取各种动作防范,例如当有羊鼻蝇飞来时,羊只四处逃跑或彼此拥挤在一起,或者一只羊把鼻子藏在另一羊的腿中间,或者静避树阴下。这样就使羊只把吃草的时间大部分用在防御动作上,时间长了,就会使羊只精神疲乏、身体消瘦、营养不良。第二阶段为幼虫为害阶段。当羊鼻蝇幼虫向鼻腔内爬行时,由于其口钩的刺激作用,可使鼻腔发生炎症。在幼虫附着的地方,形成小圆凹陷及小点出血,因而病羊表现出以下各种症状:①发炎初期,流出大量清鼻液,以后由于细菌感染,变成稠鼻液,有时混有血液。②患羊因受刺激而磨牙。因分泌物黏附在鼻孔周围,加上外物附着形成痂皮,致使患羊呼吸困难,打喷嚏,用鼻端在地上摩擦。③咳嗽,常摔鼻子。④结膜发炎,头下垂。⑤若个别幼虫深入颅腔,使脑膜发炎或受损,患羊出现运动失调和痉挛等神经症状,严重的可造成极度衰竭而死亡。

(2) 防治　按照羊鼻蝇幼虫和成虫的个体活动情况,采用不同的治疗方法:①皮下注射阿维菌素、伊维菌素、硝碘柳胺。其中阿维菌素注射剂量按每千克体重0.3毫升计算,严重感染病例,间隔10天重复注射1次。②皮下注射20%碘硝酚,注射剂量为每千克体重10~20毫克。③在羊鼻蝇幼虫尚未钻入鼻腔深处时,给鼻腔喷入3%来苏儿溶液,杀死幼虫。④在羊鼻蝇幼虫从羊鼻孔排出的季节,在地上撒以石灰,把羊头下压,让鼻端接触石灰,使羊打喷嚏,亦可喷出幼虫,然后将其消灭。

69. 怎样对常用治疗器械和用品进行消毒?

(1) 蒸煮消毒法　蒸煮消毒是简单易行的消毒方法,适用于各种外科器械、缝合丝线、纱布等。消毒前将要消毒的器械和物品(耐煮沸的物品)洗净,分类包好,并做标记,放在蒸煮消毒锅或其他容器内加水蒸或煮沸,水沸后保持20~30分钟。消毒好的器械使用前应按类别有次序地放在预先灭过菌的有盖盘(或盒)内。但蒸与煮是不同的两种方法。由于蒸汽的穿透性好,消毒效果较好,生产中常选择此法消毒。在缺乏蒸汽消毒的条件下,也可采用煮沸消毒法,但用常水煮沸易使器械表面形成水垢,因此煮沸消毒最好用蒸馏水。

(2) 高压蒸汽灭菌法 此法适用于手术器械、注射器、手术衣帽等。将器械和用品包装以后,装入高压蒸汽灭菌器,待水沸腾、压力表开始上升时,排出冷气,然后再关掉排气阀,使蒸汽压力达103.4千帕,此时温度为121.3℃,维持20~30分钟。

(3) 药物消毒法 一般用0.1%新洁尔灭液,将器械浸泡20分钟即可。

70. 怎样进行药物静脉注射?

将药液直接注射到颈静脉内,适用于需迅速发生药效或药液不适于肌内、皮下注射时用。

首先要配好药液,将吊针管内空气排净,然后用左手在注射点下面约10厘米处,以拇指紧压颈静脉沟上,其余四指在右侧相应部位抵住,使静脉膨起。右手拇、食、中三指拿着针头,与静脉成30°~45°角,对准刺入。针头如刺进血管,则可见血液回流,此时打开输液管,让药液缓缓流进。

静脉注射的药液,特别是氯化钙、高渗盐水等有强烈刺激性的药液,切勿漏于血管外,以免造成局部组织发炎和坏死。如发生折针事故,当即以镊子夹出断头,必要时进行手术切开,取出断头。

71. 怎样进行肌内注射?

肌内注射是将药液直接注入肌肉组织中。常用于注射疫(菌)苗、青霉素和链霉素等抗生素类药物、各种油剂注射液等。通常选择肌肉发达的部位注射,如颈侧、臀部。注射时,左手固定注射部位,右手拿注射器,针头垂直刺入肌肉内,左手固定注射器,右手将针芯回抽一下,如无回血,可将药液慢慢注入,若发现有回血,应变更位置。如动物不安或皮厚不易刺入,可将注射针头取下,右手拇指、食指和中指紧持针尾,对准注射部位迅速刺入肌肉,然后按上注射器,注入药液。但注射时要将针头留1/3在皮肤外面,以防折断或不易拔出。

72. 怎样进行皮下注射？

本法是将药液注入皮下疏松结缔组织中。被注射药液的吸收速度较皮内法快，注入量亦大，既可用于治疗，也可用于疫苗或无刺激性的药物注射。希望药物能较快吸收时，可用皮下注射法注射。羊一般在颈侧下部或肩胛骨的后方皮下注射。注射时，左手拇指与食指捏取皮肤，使其形成皱褶，右手持注射针管在皱褶底部稍斜快速刺入皮肤与肌肉间，缓缓推药。注射完毕，将针拔出，立即用药棉揉擦，使药液散开。但如果皮下有水肿，不可采用此种注射方法。

73. 怎样进行皮内注射？

本法是将药液注入皮肤的真皮组织内。由于可注入的量少且一般只能注入 0.3～0.5 毫升，而且吸收缓慢，故不适于临床治疗用，而主要用于皮肤变态反应试验（如结核菌素试验等）和诊断，或用于某些疫苗的免疫注射，用这种注射方法，能获得最大的免疫效果。注射时，用左手手指捏起皮肤成皱褶，右手持针从皱褶顶部与之呈 20°～30°角向下刺入皮肤内，缓慢地推入药液，也可用左手的拇指与食指捏起皮肤成皱褶进针。当药液准确地注入皮内组织时，因组织比较硬，推注时有抵触的感觉，注射的局部还会形成一坚实隆起的小包。拔出针头后，只需用酒精棉球轻轻拭去少量漏液即可，不要用力按摩。

74. 什么情况下使用气管注射？怎样进行气管注射？

气管注射法只在治疗羊肺线虫病或支气管病，需要将药物直接注入气管时才使用。注射前，将羊侧卧或仰卧保定，使前躯稍高于后躯。局部剪毛、消毒。在颈下喉头后方的任何两个器官软骨环的腹侧正中线进针,刺入气管后,针尖向前、后、左、右活动,感觉在管腔内即可注射。如遇咳嗽,暂停注射。注射完毕,拔出针头,局部消毒。注意药液量不宜过大,注射速度不能快,保定时不可将鼻孔压住,以防窒息死亡。妊娠母羊不宜采用气管注射,以防流产。

75. 什么情况下使用瓣胃注射?怎样进行瓣胃注射?

瓣胃注射常用于羊瓣胃阻塞。羊长期饲喂麸糠等含有泥沙的饲料或粗纤维坚硬的饲草、饲料突然变化、缺乏运动、皱胃变位、生产瘫痪以及急性热性病和中毒病都可引发瓣胃阻塞。本病发生后可内服泻剂和促进前胃蠕动的药物。严重时,可采用瓣胃注射,即将药液直接注入瓣胃中。注射时,将羊站立保定,在右侧第8~9肋间与肩关节水平线交界处下方2厘米处剪毛消毒,用12号7厘米长的注射针头,直刺入皮肤后,针头向左前下方方向刺入深4.5~5厘米(刺入瓣胃时常有沙沙感)。为了证实是否刺入瓣胃,先注入生理盐水20~50毫升,来回抽动针芯,如见混有草屑之类的胃内容物抽回,即为刺入正确,可注入25%硫酸镁30~40毫升、液状石蜡100毫升。注射完毕,局部消毒。如果抽吸时见有血液或胆汁,应立即拔出针头,重新刺入。目前临床上使用的三胃注射枪,操作更为简单、方便。

76. 什么情况下使用瘤胃穿刺?怎样进行瘤胃穿刺?

瘤胃穿刺常用于急性瘤胃臌胀的紧急排气治疗。穿刺方法:将羊站立保定,剪毛消毒。在左腹部中央,或左侧髂骨外角与最后肋骨中点连线的中央,也可在腹腔部膨胀最明显处做皮肤切口,将套管针头置于皮肤切口内,向右肘头方向迅速刺入10~12厘米,固定套管,抽出针芯,用手指不断堵住管口,缓慢放气。若套管堵塞,可插入针芯疏通。气体排出后,为防止复发,可经套管向瘤胃内注入防腐消毒药。然后,对皮肤切口做一针结节缝合,局部涂以碘酊。

77. 注射药物或瘤胃穿刺时应注意哪些问题?

(1)局部皮肤要消毒 剪毛后,先用3%碘酊棉球擦拭,随后用75%酒精棉球拭去碘质,再做注射。注射后,应用酒精棉拭去可能渗出的注射液,以防止感染。

(2)针头要消毒 注射针头必须严格消毒,要坚持打一针换一个针头。常用蒸汽消毒法或煮沸消毒法。

(3)先看后用 用药前必须仔细察看药名、剂量、药液是否混浊与过期,确定药物可用后,方可抽取药液。

(4)注射操作要规范 抽完药液后,要将针筒内的空气排尽,同时察看针头是否通畅、锐利。注射的药液量要准确。

(5)注射后要消毒 药物注射完毕,用碘酊棉球或酒精棉球紧压针刺处止血、消毒。

78. 怎样给羊灌服水剂药物?

将水剂药物(包括加水溶解的粉剂、片剂和丸剂)装入软塑料瓶、橡皮瓶或长颈玻璃瓶,右手拿药瓶,左手从羊右口角伸入口中,轻轻压迫舌头,然后将药瓶口从左口角伸至舌头中段,使药瓶与舌头呈40°~45°角,即可将药物送入。药物送入速度以羊能够顺利吞咽为宜,如果羊出现咳嗽、打呛,应暂停灌服,检查并纠正灌服方法。羔羊可用30毫升注射器(不带针头)吸取水剂药物直接注入口腔。

79. 怎样用胃管给羊灌药?

(1)经鼻腔插入法 先将胃管插入鼻孔,沿下鼻道慢慢送入,达到咽部时,有阻挡感,待羊出现吞咽动作时乘机送入食管;如羊不吞咽,可轻轻来回抽动胃管,诱发吞咽。胃管通过咽部后,如进入食管,继续深送会感到稍有阻力,这时要向胃管内用力吹气或用橡皮球打气,如见左侧颈沟有起伏,表示胃管已进入食管。如胃管误入气管,多数羊会表现不安、咳嗽,继续送胃管,感觉毫无阻力,向胃管内吹气,左侧颈沟看不见波动,用手在左、右侧颈沟摸不到胃管,同时,胃管一端有与呼吸一致的气流出现。

(2)经口腔插入法 先装好木质开口器,用绳子固定在羊头部,胃管通过木质开口器的中间孔,沿上腭直插入咽部,借助羊的吞咽动作可顺利地插入食管,继续深送,胃管即可到达胃内。胃管插入正确后,即可接上漏斗灌药。药液灌完后,再灌少量清水,然后取掉漏斗,用嘴对胃管吹气或用橡皮球打气,使胃管内残留的液体完全入胃,用拇指堵住胃管管口或折叠胃管,慢慢抽出。该法适用于灌服大量水剂及有刺激性的药液。患咽炎、咽喉炎和咳嗽严重的病羊不宜用胃管灌药。

80. 什么情况下给羊灌肠?怎样给羊灌肠?

灌肠是在羊发生便秘、中毒或中暑时采用的一种应急治疗。即将药物配成液体,直接灌入直肠内。给羊灌肠时,一般采用站立保定,先将羊直肠内的粪便清除,选用小型胃管或一端磨圆的橡皮管,前端涂上凡士林或植物油插入直肠内,另一端接上漏斗,加入灌肠液后,高举漏斗以增大灌肠液的压力,使其压入直肠内。灌肠完毕后一手压住肛门和尾根,另一手的手指掐压羊的腰荐部,防止药液的流出。停留一段时间后,药液可随羊努责排出。如此反复几次,再松手拔出橡皮管。灌肠液的温度应与体温相一致,可用温水、生理盐水、2%盐水或肥皂水。治疗便秘时最好用肥皂水。

81. 常用的止血方法有哪几种?

(1)压迫止血法 是用纱布压迫出血的血管,达到止血的目的。在手术过程中,经常使用纱布施行止血。在对创伤急救时,可用压迫绷带止血,即将灭菌纱布紧密填充于创伤部,盖上棉花,紧扎绷带。鼻出血可用纱布填塞患侧,压迫止血,但不超过48小时。

(2) 止血带止血法 适用于四肢大血管出血,常用橡皮管,也可用绷带等来代替。扎止血带处先垫以纱布等物,避免止血带直接接触皮肤。止血带要扎得松紧适当,以能止血为宜。过紧会损伤神经或其他组织,过松不能止血。使用止血带的时间一般不得超过2小时,因为长时间压迫,可引起组织坏死。

(3) 止血钳止血法 用止血钳夹住出血血管的断端,加以压迫捻转,适用于小血管出血。

(4) 结扎血管止血法 是最常用的止血方法。一般在手术、伤口上的出血点,先用止血钳夹住,再用丝线结扎。结扎时注意不要使结节线滑脱,剪线时要在打结处留下适当长的线端,线端过短则线结容易松开。

(5) 烧烙止血法 烧烙的作用在于使血管断端收缩封闭,停止出血。烧烙是可靠止血方法之一,适用于弥漫性的小血管和静脉丛较多的黏膜出血。但烙铁要烧得红热为宜,如果烧得不够热,不能使血管断端充分收缩,达不到止血的目的;烧得过热,亦不适宜。烧烙止血法的缺点是损伤组织较多。

(6) 化学止血法 可分局部和全身两种。局部止血剂常用的有0.1%肾上腺素溶液和仙鹤草素注射液。对急性大出血,必须制止出血和缓解循环衰竭,可静脉注射10%枸橼酸钠20~30毫升或10%氯化钙溶液30~50毫升。为解除循环衰竭,应立即静脉注射5%葡萄糖盐水500~1000毫升或输血300~500毫升,同时内服利尿素1~2克。

82. 危重病羊可以输血吗?

对危重病羊来说,输血是一种重要的治疗方法。它不但对于急性失血有良好的治疗作用,而且对休克、恶性贫血、中毒和某些传染病也有良好的治疗效果。供血与受血者的血型是否适合,是输血必须考虑的因素之一,如果供血者与受血者的血型不合,就会产生红细胞凝集反应。输血时,通常只需确定供血的红细胞是否会被受血者的血清凝集,因为如果发生这种反应,红细胞凝集后形成的小团会阻塞小血管,产生严重后果。至于供血者的血清对受血者的红细胞是否产生凝集作用,一般可以不考虑,因为输入的血液比受血者的血液少得多,供血输入后,很快被稀释,抗体浓度极低,不会引起受血者的红细胞凝集。

  危重病羊也可输全血,可任选供血羊。但如果用同一头羊的血液重复输血,容易引起受血羊休克。最好先输200毫升,观察10~20分钟后,再考虑是否用第二只羊进行第二次输血。多次输血的时间间隔十分重要,间隔5天内的重复输血一般不会发生休克,超过5天再输血,受体羊就会产生大量同种免疫抗体,休克的危险性随之上升。如果可能,最好给病羊输入其母亲的血液。输血方法:2.5%枸橼酸钠50毫升与全血450毫升混合后一次静脉注射。

附 录

附表1　羔羊断奶前的管理日程

项　目	日　龄	管理对象	具体要求
戴耳标	1～7	所有羔羊	避开血管
断　尾	5～15	长瘦尾型绵羊	天气晴朗
去　势	14～21	非留种公羔	天气晴朗
去　角	10～14	预留母羊	半天内不能吃奶
补　硒	10～20	缺硒地区羔羊	按说明注射亚硒酸钠维生素E注射液
防　疫	30～60	所有羔羊	根据当地疫病流行情况接种疫苗，一般情况下，可先接种三联苗或梭菌苗
断　奶	70～90		留种羔羊可适当推迟断奶时间

注：断尾、去势和去角不能同时进行，以防止羔羊发生严重的应激反应

附表2　给羊采精和人工授精用的主要器具与试剂

项　目	主要器具与试剂
大型器械	实物显微镜(200～600倍)、冰箱、恒温箱、干燥箱、液氮罐、天平(感量1/1000)、木制操作箱(内置紫外线灯管，用于不能高压和干烤的器械消毒)、高压锅
小型器具	羊用假阴道内胎、集精杯、水银温度计(0℃～100℃)、500毫升烧杯、保温瓶、Φ12滤纸、棕色玻璃瓶(50～100毫升)、100毫升定量瓶、200毫升量筒、500毫升量筒、长柄镊子(20厘米)、短柄镊子(10厘米)、酒精灯、医用纱布、玻璃棒(25～30厘米)、搪瓷盘、载玻片、盖玻片、擦镜纸、脸盆、毛巾、肥皂、洗洁净、洗涤刷、试情布、1毫升注射器、5毫升注射器、10毫升注射器、氟板、铝饭盒、羊用精液细管、滴管、小试管(解冻用)、漏斗、开膣器(分大、小两种)、输精器、手套、工作服等
试　剂	葡萄糖(分析纯)、柠檬酸三钠(分析纯)、乳糖(分析纯)、75%酒精、医用凡士林、液状石蜡、蒸馏水(洗涤和配制稀释液用)等

附表3 我国食品动物禁用的兽药及其他化合物清单

序号	兽药及其他化合物名称	禁止用途	禁用动物
1	β—兴奋剂类：克仑特罗 Clenbuterol、沙丁胺醇 Salbutamol、西马特罗 Cimaterol 及其盐、酯及制剂	所有用途	所有食品动物
2	性激素类：己烯雌酚 Diethylstilbestrol 及其盐、酯及制剂	所有用途	所有食品动物
3	具有雌激素样作用的物质：玉米赤霉醇 Zeranol、去甲雄三烯醇酮 Trenbolone、醋酸甲孕酮 Mengestrol Acetate 及制剂	所有用途	所有食品动物
4	氯霉素 Chloramphenicol succinate 及其盐、酯（包括：琥珀氯霉素及制剂）	所有用途	所有食品动物
5	氨苯砜 Dapsone 及制剂	所有用途	所有食品动物
6	硝基呋喃类：呋喃唑酮 Furazolidone、呋喃它酮 Furaltadone、呋喃苯烯酸钠 Nifurstyrenate sodium 及制剂	所有用途	所有食品动物
7	硝基化合物：硝基酚钠 Sodium nitrophenolate、硝呋烯腙 Nitrovin 及制剂	所有用途	所有食品动物
8	催眠、镇静类：安眠酮 Methaqualone 及制剂	所有用途	所有食品动物
9	林丹（丙体六六六）Lindane	杀虫剂	所有食品动物
10	毒杀芬（氯化烯）Camahechlor	杀虫剂、清塘剂	所有食品动物
11	呋喃丹（克百威）Carbofuran	杀虫剂	所有食品动物
12	杀虫脒（克死螨）Chlordimeform	杀虫剂	所有食品动物
13	双甲脒 Amitraz	杀虫剂	水生食品动物
14	酒石酸锑钾 Antimony potassium tartrate	杀虫剂	所有食品动物
15	锥虫胂胺 Tryparsamide	杀虫剂	所有食品动物

附 录

续附表 3

序号	兽药及其他化合物名称	禁止用途	禁用动物
16	孔雀石绿 Malachite green	抗菌、杀虫剂	所有食品动物
17	五氯酚酸钠 Pentachlorophenol sodium	杀螺剂	所有食品动物
18	各种汞制剂包括：氯化亚汞（甘汞）Calomel、硝酸亚汞 Mercurousnitrate、醋酸汞 Mercurous acetate、吡啶基醋酸汞 Pyridyl mercurous acetate	杀虫剂	所有食品动物
19	性激素类：甲基睾丸酮 Methyltestosterone、丙酸睾丸酮 Testosterone propionate 苯丙酸诺龙 Nandrolone phenylpropionate、苯甲酸雌二醇 Estradiol Benzoate 及其盐、酯及制剂	促生长	所有食品动物
20	催眠、镇静类：氯丙嗪 Chlorpromazine、地西泮（安定）Diazepam 及其盐、酯及制剂	促生长	所有食品动物
21	硝基咪唑类：甲硝唑 Metronidazole、地美硝唑 Dimetronidazole 及其盐、酯及制剂	促生长	所有食品动物

金盾版图书,科学实用,通俗易懂,物美价廉,欢迎选购

书名	价格	书名	价格
科学养羊指南	28.00	中国家兔产业化	32.00
养羊技术指导(第三次修订版)	15.00	专业户养兔指南	19.00
种草养羊技术手册	12.00	养兔技术指导(第三次修订版)	12.00
农区肉羊场设计与建设	11.00	实用养兔技术(第2版)	10.00
肉羊高效养殖教材	6.50	种草养兔技术手册	14.00
肉羊健康高效养殖	13.00	新法养兔	15.00
肉羊无公害高效养殖	20.00	图说高效养兔关键技术	14.00
肉羊高效益饲养技术(第2版)	9.00	獭兔标准化生产技术	13.00
怎样提高养肉羊效益	14.00	獭兔高效益饲养技术(第3版)	15.00
肉羊饲料科学配制与应用	13.00	獭兔高效养殖教材	6.00
秸秆养肉羊配套技术问答	10.00	怎样提高养獭兔效益	13.00
绵羊繁殖与育种新技术	35.00	图说高效养獭兔关键技术	14.00
怎样养山羊(修订版)	9.50	长毛兔高效益饲养技术(修订版)	13.00
波尔山羊科学饲养技术	12.00	长毛兔标准化生产技术	15.00
小尾寒羊科学饲养技术(第2版)	8.00	怎样提高养长毛兔效益	12.00
南方肉用山羊养殖技术	9.00	肉兔高效益饲养技术(第3版)	15.00
南方种草养羊实用技术	20.00	肉兔标准化生产技术	11.00
奶山羊高效益饲养技术(修订版)	9.50	肉兔无公害高效养殖	12.00
农户舍饲养羊配套技术	17.00	肉兔健康高效养殖	12.00
科学养兔指南	32.00	家兔饲料科学配制与应用	11.00

以上图书由全国各地新华书店经销。凡向本社邮购图书或音像制品,可通过邮局汇款,在汇单"附言"栏填写所购书目,邮购图书均可享受9折优惠。购书30元(按打折后实款计算)以上的免收邮挂费,购书不足30元的按邮局资费标准收取3元挂号费,邮寄费由我社承担。邮购地址:北京市丰台区晓月中路29号,邮政编码:100072,联系人:金友,电话:(010)83210681、83210682、83219215、83219217(传真)。